FORSCHUNGSBERICHTE DES LANDES NORDRHEIN-WESTFALEN

Nr. 1618

Herausgegeben

im Auftrage des Ministerpräsidenten Dr. Franz Meyers

von Staatssekretär Professor Dr. h. c. Dr. E. h. Leo Brandt

Dr. Hans Joachim Kölbel

Forschungsinstitut der Gesellschaft zur Förderung
der Glimmentladungsforschung e. V., Köln
Direktor: Professor Dr. Martin Schmeißer

Strom-Spannungs-Kennlinien von Niederdruck-Glimmentladungen hoher Stromdichte für Brennspannungen bis 5 kV

WESTDEUTSCHER VERLAG · KÖLN UND OPLADEN 1966

Verlags-Nr. 011618

ISBN 978-3-663-03912-9   ISBN 978-3-663-05101-5 (eBook)
DOI 10.1007/978-3-663-05101-5

Inhalt

1. Einleitung 7

2. Experimentelles 9

    2.1. Entladungsrohr und Vakuumapparatur 9
    2.2. Elektrische Anlage und Meßschaltung 11
    2.3. Umfang und Durchführung der Versuche 12

3. Ergebnisse 14

    3.1. Der Einfluß der Temperatur auf die »statischen« und auf die »dy-
    namisch-stationären« Kennlinien 14
    3.2. »Kurzzeit«-Kennlinien 15
    3.3. Gültigkeit eines einfachen Potenzgesetzes 23

4. Literaturverzeichnis 25

1. Einleitung

Die Niederdruck-Glimmentladung ist seit rund hundert Jahren Gegenstand physikalischer Untersuchungen. In dieser Zeit wurde nicht nur ein umfangreiches Beobachtungsmaterial gesammelt, sondern auch immer wieder der Versuch unternommen, die Eigenschaften der Glimmentladung bzw. die des für sie besonders wichtigen Kathodenfallgebietes aus den allgemein gültigen Gleichungen der Elektrodynamik und aus den Elementarprozessen herzuleiten.

Unter Elementarprozessen sind dabei die Vorgänge zu verstehen, die im Kathodenfallgebiet und an seinen Begrenzungen elektrische Ladungsträger liefern oder entziehen. Sie werden in der Regel durch Koeffizienten beschrieben, mit denen eine quantitative Verbindung zwischen experimentellen Meßergebnissen und einfachen und plausiblen mathematischen Formeln hergestellt werden soll. Implizit enthalten diese Koeffizienten also die Unkenntnis über den Einfluß von Versuchsparametern, die bei den Messungen nicht verändert oder auch nicht beachtet wurden. Sie sind deshalb meist nur ungenau bekannt und nur mit Vorbehalt auf abweichende Versuchsbedingungen übertragbar.

Die wichtigsten Ladungsträgerquellen für das Kathodenfallgebiet sind Ionisation durch Elektronenstoß (α-Prozesse), Ionisation durch schnelle Ionen und Neutralteilchen (β-Prozesse), Sekundärelektronenauslösung durch auf die Kathode auftreffende Ionen, schnelle Neutralteilchen und Photonen (γ-Prozesse) und schließlich das Eindiffundieren von Ionen aus dem negativen Glimmlicht (δ-Prozesse).

Wenn auch die prinzipiellen Mechanismen des Kathodenfallgebietes als verstanden gelten können, so bereitet doch die exakte Formulierung und numerische Auswertung einer allgemein gültigen Kathodenfalltheorie noch große Schwierigkeiten. Vergleicht man die bis in die jüngste Zeit hinein entstandenen Arbeiten über den Kathodenfall der Glimmentladung, so muß man feststellen, daß die verschiedenen Autoren die zur Bildung der Ladungsträger und der positiven Raumladung im Fallgebiet führenden Prozesse sehr unterschiedlich bewerten. Infolgedessen gelangen sie auch zu recht gegensätzlichen Aussagen. So ergibt sich z. B. nach HANTZSCHE [1] auf Grund einer sehr umfassenden Modellrechnung für 5 und 10 kV-Kathodenfälle in Wasserstoff, daß die Mehrzahl der Ionen (etwa 75%) aus dem Glimmlichtplasma stammt. DAVIS und VANDERSLICE [2] folgern sogar aus der guten Übereinstimmung ihrer Meßergebnisse (in Wasserstoff bei etwa 1 Torr und Kathodenfällen bis 750 V) mit einer einfachen Theorie, daß die auf die Kathode auftreffenden Ionen vorwiegend im negativen Glimmlicht erzeugt werden. Von im Prinzip sehr ähnlichen Messungen (in Wasserstoff bei etwa 0,1 Torr und Kathodenfällen zwischen 1 und 2 kV) berichten HEISEN und WELLENHOFER [3]. Ihre Ergebnisse in Verbindung mit durchgeführten Modellrechnungen führen sie jedoch zu der Aussage, daß Vorstellungen wenig haltbar seien, die von einer primären Erzeugung der Mehrzahl der auf die Kathode auftreffenden Ionen im negativen Glimmlicht ausgehen. Nahemov und Wainfan [4] folgern aus ihrer Beobachtung, daß sich das Kathodenfallgebiet innerhalb einer Zeit von 0,1 μsec ausbildet, daß die positive Ionen-Raumladung im Fallgebiet lokal gebildet wird. McClure [5], McClure und Granzow [6], Wächter [7] und Neu [8], [9] kommen zu dem Ergebnis, daß die auf die Kathode auftreffenden Ionen zu etwa gleichen Teilen aus dem Fallgebiet und aus dem Glimmlicht stammen, doch vertreten sie ebenfalls die Ansicht, daß dem Fallraum die größte Bedeutung für die Erhaltung der Entladung zukommt.

Die angeführten Beispiele zeigen, daß eine quantitative Berechnung der Strom-Spannungs-Kennlinien von Glimmentladungen auf Grund einer Theorie z. Z. noch nicht möglich ist. Veröffentlichungen über experimentell ermittelte Kennlinien sind in der Literatur auch nur spärlich und lückenhaft zu finden. Die z. B. von Francis [10] zusammengestellten Meßergebnisse stammen zu einem großen Teil aus Arbeiten von Güntherschulze [11], [12]. In dem Bestreben, die Temperaturerhöhung im Entladungsraum durch die Entladung selbst vernachlässigbar klein zu halten, sind diese Messungen aber alle bei sehr geringen auf die Kathodenflächen bezogenen Leistungsdichten zwischen 10^{-3} und 10^{-1} W/cm^2 und bei niedrigen Gasdrücken zwischen 10^{-3} und 10^{-1} Torr durchgeführt worden. Eine Extrapolation der Güntherschulzeschen Ergebnisse zu Leistungsdichten von mehr als 1 W/cm^2 bzw. zu Gasdrücken über 0,1 Torr wird sehr fragwürdig.

Wir haben uns nun die Aufgabe gestellt, Kennlinien von Niederdruck-Glimmentladungen hoher Leistungsdichte für verschiedene Gase im Druckbereich zwischen 0,25 Torr und 15 Torr systematisch zu messen. Die Ergebnisse sollen nicht nur das für die Prüfung der verschiedenen Theorien vorhandene Versuchsmaterial ergänzen, sondern auch der richtigen Dimensionierung von Gleichrichtern für die technische Anwendung von Glimmentladungen, z. B. bei der Oberflächenbehandlung von Werkstücken, dienen.

2. Experimentelles

2.1. Entladungsrohr und Vakuumapparatur

Bei den angestrebten hohen Leistungen war für den Dauerbetrieb der Entladung
eine sehr gute Kühlung der Kathode und des Entladungsrohres notwendig. Um
trotz einer begrenzten Stromergiebigkeit des Hochspannungsgleichrichters zu
hohen Stromdichten zu gelangen, durfte außerdem die dem Glimmlicht zugäng-
liche Kathodenfläche nicht allzu groß sein.
Die Abb. 1 zeigt einen Längsschnitt durch das zylindrische Entladungsrohr, mit
dem die Versuche durchgeführt wurden.
Es besteht aus einem 29,5 cm langen Stahlrohr mit 3,5 cm Innendurchmesser, hat
seitlich Anschlußstutzen für Gaseinlaß, Vakuumpumpe und Vakuummeter und
ist von einem wasserdurchströmten Kühlmantel umgeben.
Als wirksame Kathodenfläche dient die 1,5 cm² große Stirnfläche eines ebenfalls
wasserdurchströmten Stahlzylinders, dessen Mantelfläche durch ein isolierendes
Formstück aus Keramik abgeschirmt wird. Dieses wiederum wird durch ein
Zentrierstück im Entladungsrohr gehalten. Mit zwei O-Ringen aus Viton bildet
die zusammensteckbare Kathodendurchführung den vakuumdichten Abschluß

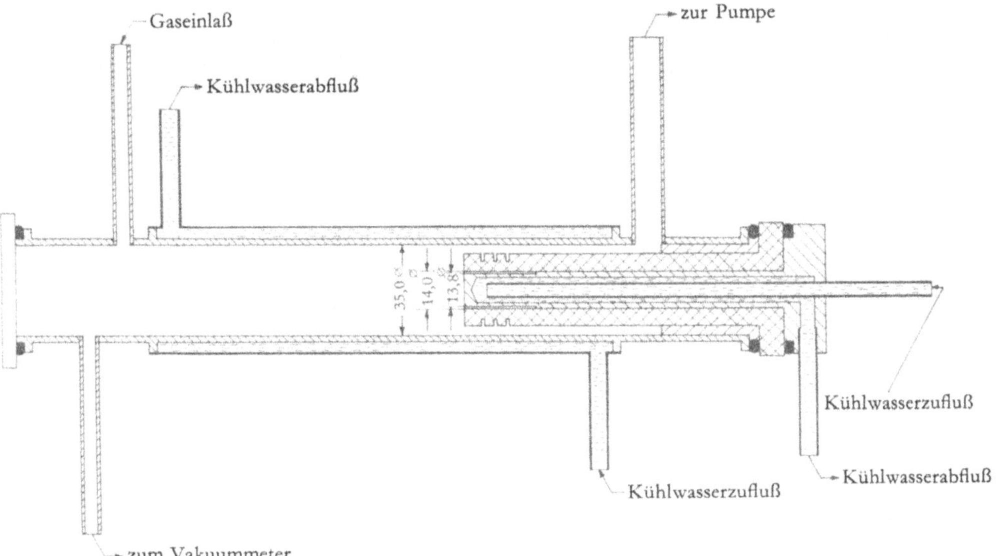

Abb. 1   Entladungsrohr

des Entladungsrohres auf der einen Seite; die gegenüberliegende Seite wird ebenfalls vakuumdicht durch eine Planscheibe aus hitzebeständigem Glas und einen weiteren O-Ring aus Viton abgeschlossen.

Die für den Dauerbetrieb einer stark anomalen Glimmentladung notwendige Trennung zwischen Kathode und Isolator wird durch den engen Ringspalt von 0,1 mm Breite realisiert. Wenn dieser nach langem und intensivem Betrieb gelegentlich durch abgestäubtes Kathodenmaterial überbrückt wurde, konnte er wegen der leicht demontierbaren Konstruktion der Kathodendurchführung mühelos gesäubert werden.

Als Anode dient der ganze äußere Stahlzylinder. Im untersuchten Druckbereich und bei den Kathodenfällen von mehreren tausend Volt erstreckte sich das negative Glimmlicht bis zu dieser anodischen Begrenzung, so daß keine positiven Säulen und in der Regel auch kein anodisches Glimmlicht zu beobachten waren.

Infolgedessen stimmt die gemessene Brennspannung weitgehend mit dem Kathodenfall überein.

Eine weitere geometrische Gegebenheit der untersuchten Entladung ist die im Vergleich zum Kathodendurchmesser große Längserstreckung des negativen Glimmlichts, dessen seitliche Ausdehnung durch das anodische Rohr beschränkt wird.

Der Aufbau der einfachen Vakuumapparatur ist in Abb. 2 dargestellt. Um den Anteil störender Verunreinigungen im Gas möglichst niedrig zu halten, wurde laufend frisches Gas zugeführt. Dieses wurde über das Reduzierventil M_1/M_2 der Stahlflasche G entnommen und über die Absperrventile A_1, A_2 und das Nadelventil N in das Entladungsrohr E geleitet. Von dort wurde es kontinuierlich über das Absperrventil A_3 und das Drosselventil D durch die Pumpe P abgesaugt.

Der mit dem Vakuummeter V gemessene Gasdruck im Entladungsrohr ergibt sich dann aus dem Gleichgewicht zwischen der durch das Nadelventil N dosierbaren einströmenden Gasmenge und der durch das Drosselventil D regulierbaren Saugleistung der Pumpe.

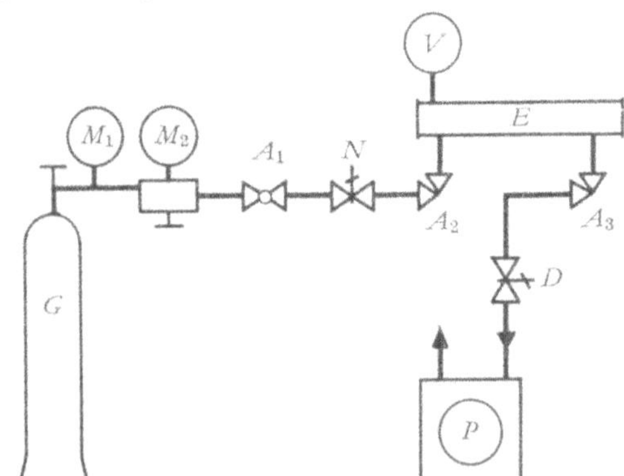

Abb. 2   Vakuumapparatur
G Gasflasche, M_1/M_2 Reduzierventil, A_1, A_2, A_3 Abschlußventile, N Nadelventil, D Drosselventil, E Entladungsrohr, V Vakuummmeter, P Drehschieberpumpe

10

2.2. Elektrische Anlage und Meßschaltung

Die für den Betrieb der Entladung notwendige Spannung wurde einem stufenlos regelbaren Hochspannungsgleichrichter entnommen, dessen Prinzipschaltung die Abb. 3 zeigt. Eine zuschaltbare Siebkette war so ausgelegt, daß die Welligkeit selbst bei Vollast $1^0/_{00}$ nicht überschritt.

Für oszillographische Kennlinienaufnahmen kam die ungeglättete Gleichspannung zur Anwendung. Mit Hilfe des in den Gleichrichterausgang gelegten Thyratrons PL 17 konnte dann der Entladungsstrom für die Aufnahme der »Kurzzeit-Kennlinien«, bei denen er insgesamt nur Bruchteile von Sekunden fließen sollte, sauber ein- und ausgeschaltet werden. Der Schaltvorgang wurde dabei in der angedeuteten Weise durch den x-Kontakt der Kamera gesteuert.

Die Abb. 4 zeigt die einfache Meßschaltung. Danach liegen im Entladungsstromkreis außer dem Entladungsrohr E noch ein einstellbarer Vorwiderstand R_v, ein Amperemeter A und ein Meßwiderstand R_m. Die mit dem Voltmeter V gemessene Spannung ist also nicht die Brennspannung der Entladung allein, sondern

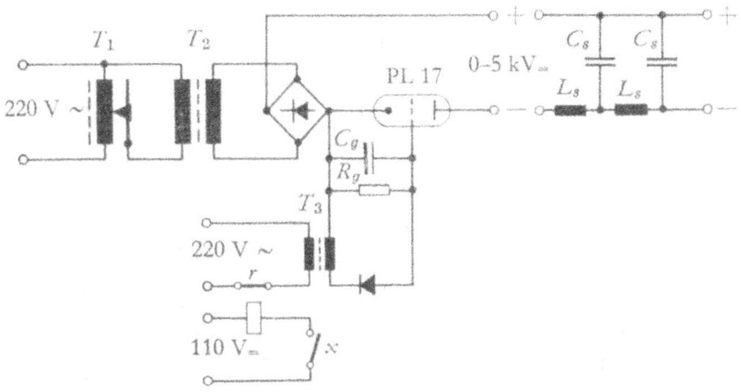

Abb. 3 Stufenlos regelbarer Hochspannungsgleichrichter mit Steuerung für kurzseitige Stromstöße

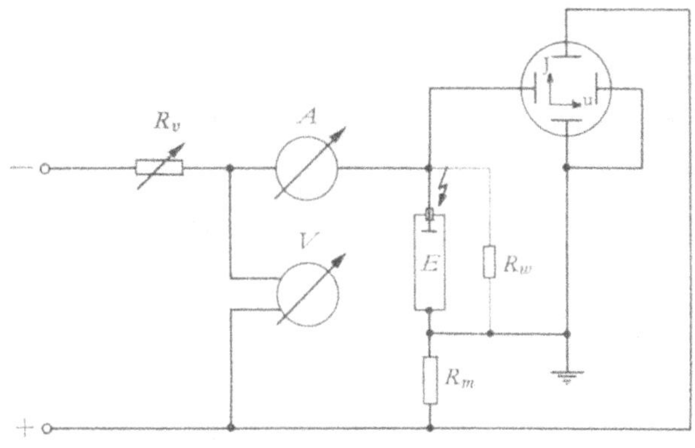

Abb. 4 Meßschaltung

enthält noch die Spannungsabfälle am Amperemeter A und am Widerstand R_m = 10 Ω. Diese Spannungsabfälle sind aber, verglichen mit der Entladungsspannung, so gering, daß sie im Rahmen der erreichbaren Meßgenauigkeit vernachlässigt werden können.

Störender bei der Messung der Kennlinien ist der Strom, der durch das Kühlwasser parallel zur Entladungsstrecke fließt. Er macht sich besonders bei hohen Spannungen und kleinen Strömen, wie sie in der Regel bei niedrigen Gasdrücken auftreten, bemerkbar. Dieser Parallelstrom, dessen Weg in der Schaltskizze durch den Widerstand R_w angedeutet ist, kann aber mit ausreichender Genauigkeit durch lineare Extrapolation des vor der Zündung der Entladung beobachtbaren Stromanstieges berücksichtigt werden.

Für die oszillographischen Kennlinien-Aufnahmen wurde die Brennspannung über einen Hochspannungstastknopf mit $10^8\ \Omega$ Eingangswiderstand an die horizontalen Ablenkplatten, der Spannungsabfall am Meßwiderstand R_m als Maß für den Entladungsstrom direkt an die vertikalen Ablenkplatten eines Elektronenstrahloszillographen gelegt.

2.3. Umfang und Durchführung der Versuche

Die Messungen wurden beschränkt auf ein einziges Kathodenmaterial, nämlich Eisen mit etwa 0,1% C, und auf die Gase Wasserstoff, Stickstoff, Argon, Ammoniak, Kohlendioxyd und Luft. Bis auf die Luft wurden alle Gase in handelsüblicher nachgereinigter Qualität aus Stahlflaschen entnommen.

Eine wichtige Kenngröße für jede Gasentladung ist die bei konstantem Gasdruck der Temperatur proportionale mittlere freie Weglänge der Ladungsträger. Leider kann man aber in den meisten Fällen über die Temperatur im Entladungsgebiet, insbesondere im Kathodenfallgebiet, keine quantitativen Angaben machen.

Durch die Entladung selbst wird nicht nur das Gas im Entladungsgebiet, sondern auch das Entladungsgefäß mit seinen Elektroden erwärmt. Wegen der geringen Wärmekapazität des verdünnten Gases im Entladungsgebiet wird aber die Gastemperatur sehr schnell den Wert annehmen, der die Ableitung der im Gas erzeugten JOULEschen Wärme an die Elektroden und die Gefäßwände ermöglicht. Die Temperatur des Entladungsgefäßes und der Elektroden folgt wegen der meist großen Wärmekapazität plötzlichen Änderungen der zugeführten Entladungsenergie dagegen nur träge. Da für die Ableitung der im Gas erzeugten Wärme nur die Temperaturdifferenz zwischen Gas und Begrenzung eine wesentliche Rolle spielt, lassen sich zwei Arten von Kennlinien unterscheiden: »Statische« Kennlinien und »dynamische« Kennlinien.

Bei der Ausmessung der »statischen« Kennlinien wurde vor jeder Ablesung eines Strom-Spannungs-Paares so lange gewartet, bis die Kathode und das Entladungsrohr die für die Übertragung der zugeführten elektrischen Energie an das Kühlwasser erforderliche Temperatur angenommen hatten. Zu jedem Punkt der statischen Kennlinie gehört also eine andere Kathodentemperatur. Bei den Messungen wurde das Erreichen des Gleichgewichtszustandes dadurch kontrolliert, daß die

Kennlinien sowohl in Richtung zunehmender als auch in Richtung abnehmender Strom-Spannungs-Werte durchlaufen wurden; dabei ergab sich jeweils gute Übereinstimmung.

Im Gegensatz zu den »statischen« Kennlinien wurden die »dynamischen« Kennlinien bei der Aufnahme so schnell durchlaufen, daß sich wohl noch die Gastemperatur, nicht aber die Kathodentemperatur der momentanen Energiezufuhr anpassen kann. Sie wurden oszillographisch mit gleichgerichtetem 50-Hz-Wechselstrom aufgenommen, in 10 ms wurde also die ganze Kennlinie einmal hin und wieder zurück durchlaufen. Die in dieser kurzen Zeit der Kathode zugeführte Energie ist so gering, daß sich ihre Temperatur nur geringfügig ändern kann.

Die »dynamischen« Kennlinien lassen sich nun wieder in zwei Gruppen unterteilen: »Dynamisch-stationäre« und »Kurzzeit«-Kennlinien.

Die »dynamisch-stationären« Kennlinien werden in jeweils kurzer Zeit sehr häufig durchlaufen, so daß die Kathodentemperatur nur geringfügig um einen Wert oszilliert, welcher sich aus dem zeitlichen Mittelwert der zugeführten elektrischen Leistung ergibt. Die Kathodentemperatur, also auch der Verlauf der Kennlinien, wird damit von den Effektivwerten und der anliegenden Spannung abhängig. Diese Abhängigkeit wird bei den »Kurzzeit«-Kennlinien weitgehend vermieden; denn bei ihrer Aufnahme werden sie nur einmal oder wenige Male durchlaufen, so daß die Kathodentemperatur sich kaum von ihrer bekannten Anfangstemperatur entfernen kann. Die sich auf die Kennlinie auswirkende Temperaturerhöhung im Gasraum ist dann fast ausschließlich auf Stoßvorgänge zwischen den Molekülen und Ladungsträgern zurückzuführen und sollte in einer umfassenden Kathodenfalltheorie mit berücksichtigt werden.

Bei den »statischen« wie auch bei »dynamisch-stationären« Kennlinien ist der Einfluß der quantitativ nur schwer erfaßbaren Kühlungsverhältnisse groß. Sie wurden deshalb nur mit Stickstoff als Entladungsgas in die vorliegende Arbeit aufgenommen, da sie den Temperatureinfluß qualitativ recht anschaulich demonstrieren. Allgemeinere Bedeutung haben die »Kurzzeit«-Kennlinien, da man bei ihnen unveränderte und jeweils gleiche Kathodentemperatur annehmen darf. Sie wurden im Rahmen dieser Arbeit für die sechs bereits genannten Gase im Druckbereich zwischen 0,25 und 15 Torr gemessen.

3. Ergebnisse

3.1. Der Einfluß der Temperatur auf die »statischen« und auf die »dynamisch-stationären« Kennlinien

Die mit dem beschriebenen Entladungsrohr aufgenommenen statischen Strom-dichte-Spannungs-Kennlinien einer Niederdruck-Glimmentladung in Stickstoff sind in Abb. 5 für Gasdrucke von 0,25 bis 5 Torr zusammengestellt. In das Diagramm sind außerdem Kurven konstanter Leistungsdichte eingezeichnet. Die Leistungsdichte ist dabei wie die Stromdichte auf die Kathodenfläche bezogen.
Wie aus dem Diagramm zu ersehen ist, wechselt der Kennlinienverlauf bei Drücken zwischen 0,5 und 1,0 Torr seinen Charakter. Während bei kleinen Drücken die Stromdichte stärker als proportional zur Brennspannung zunimmt, ist es bei höheren Drucken gerade umgekehrt. Ein Vergleich mit den dynamischen Kennlinien (Abb. 6) zeigt, daß dieses Verhalten auf die Aufheizung des Entladungsrohres und besonders der Kathodenoberfläche zurückgeführt werden muß. Trotz intensiver Kühlung – die Kühlwassergeschwindigkeit war so groß, daß seine Temperatur sich kaum änderte – wird die Aufheizung durch die Entladung so groß, daß die resultierende Gasverdünnung einen wesentlichen Einfluß auf den Verlauf der Kennlinie gewinnt.

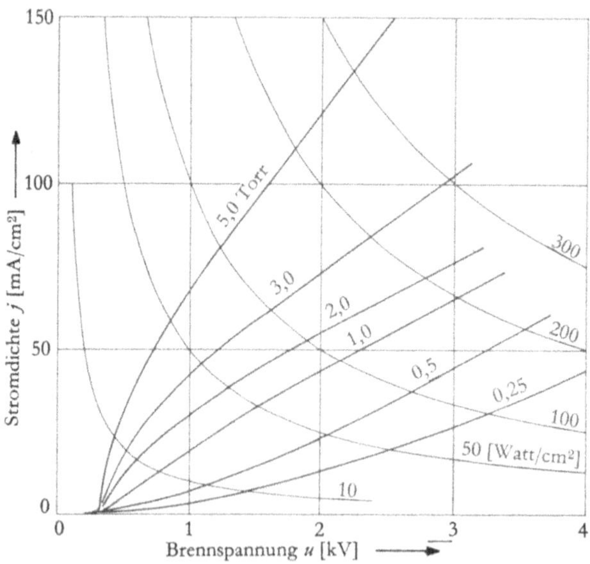

Abb. 5   Statische Kennlinien einer Niederdruck-Glimmentladung in Stickstoff

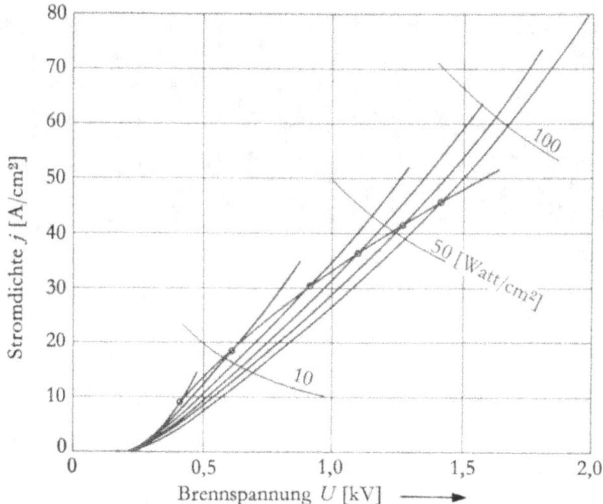

Abb. 6   »Dynamische« Kennlinien einer Niederdruck-Glimmentladung in Stickstoff
$p = 2$ Torr

Die Abb. 6 zeigt »dynamisch-stationäre« Kennlinien, die alle bei gleichem Gas-druck aufgenommen wurden und sich nur durch den zeitlichen Mittelwert der zu-geführten elektrischen Leistung unterscheiden. Die Stromdichte nimmt danach bei allen Kennlinien stärker als proportional zur Betriebsspannung zu. Verbindet man nun aber in der in Abb. 6 angedeuteten Weise die Punkte der verschiedenen Kennlinien miteinander, die durch den zeitlichen Mittelwert der angelegten Spannung charakterisiert sind, so erhält man recht genau den Verlauf der »sta-tischen« Kennlinie für den entsprechenden Druck. Dieses Beispiel zeigt besonders deutlich, daß reproduzierbare Beziehungen zwischen Stromdichte, Brennspannung und Gasdruck einer Glimmentladung nur gefunden werden können, wenn die Gastemperatur im Kathodenfallgebiet richtig berücksichtigt wird.

3.2. »Kurzzeit«-Kennlinien

Bei der Aufnahme der »Kurzzeit«-Kennlinien wurden diese während der Öff-nungszeit des Kameraverschlusses etwa sieben- bis achtmal durchlaufen. Die Abb. 7 zeigt ein typisches Oszillogramm. Durch den Aufheizungseffekt entsteht dabei eine ganze Schar von Kennlinien. Bei der Auswertung wurde jeweils nur die oberste Kennlinie berücksichtigt, die als erste durchlaufen wird, und bei der in-folgedessen die Temperaturerhöhung der Kathode am geringsten ist.
In der folgenden zusammenfassenden Darstellung der Meßergebnisse ist die Strom-dichte einmal als Funktion der Brennspannung mit konstantem Druck als Para-meter und einmal als Funktion des Druckes mit konstanter Brennspannung als Parameter in ein doppeltlogarithmisches Koordinatensystem eingetragen. Diese

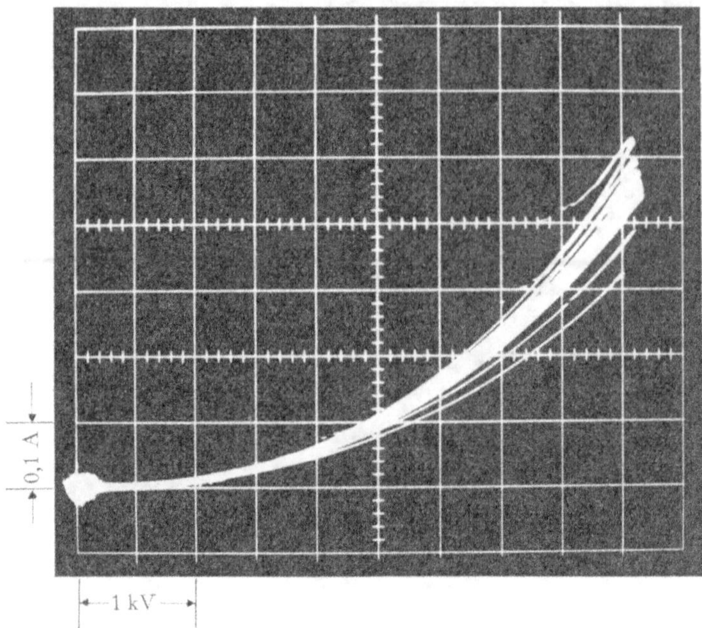

Abb. 7 Oszillogramm einer »Kurzzeit«-Kennlinie Wasserstoff
$p = 1,25$ Torr

Darstellung empfiehlt sich, wenn die Meßgrößen einen Bereich von mehreren Zehnerpotenzen umfassen, wie das hier der Fall ist. Außerdem ist sofort zu sehen, daß dort, wo die Kennlinien einen geradlinigen Verlauf nehmen, ein einfaches Potenzgesetz gilt, wobei der Exponent direkt aus der Steigung des betreffenden Kennlinienabschnittes entnommen werden kann.

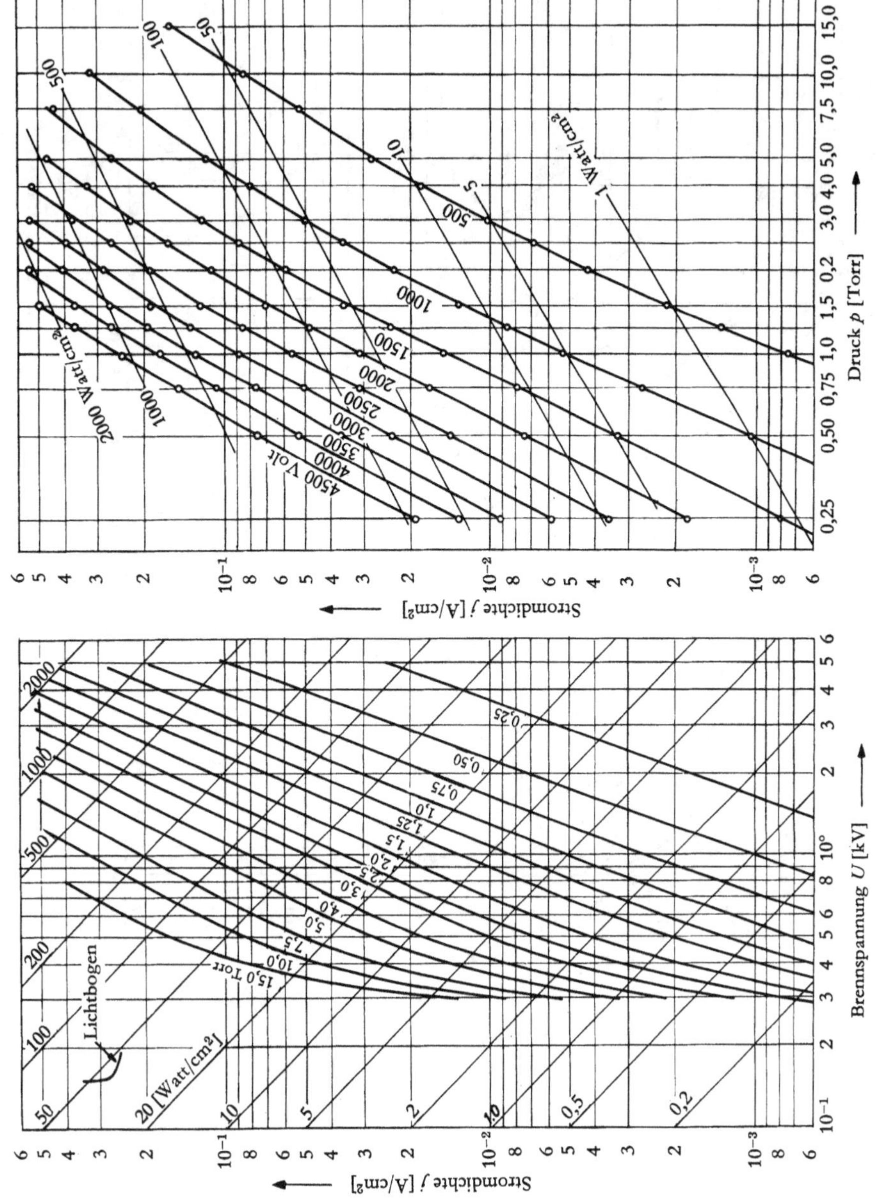

Abb. 8 »Kurzzeit«-Kennlinien einer Niederdruck-Glimmentladung mit Eisenkathode in Wasserstoff

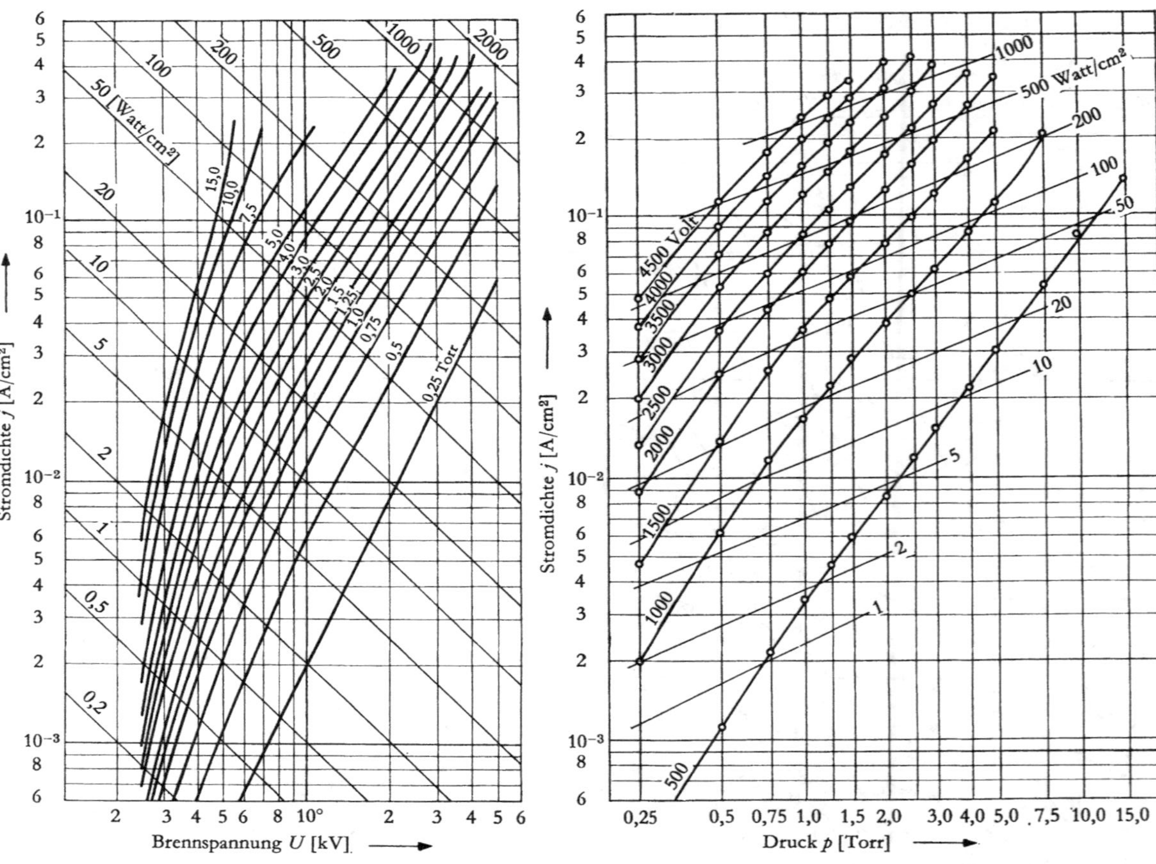

Abb. 9   »Kurzzeit«-Kennlinien einer Niederdruck-Glimmentladung mit Eisenkathode in Stickstoff

18

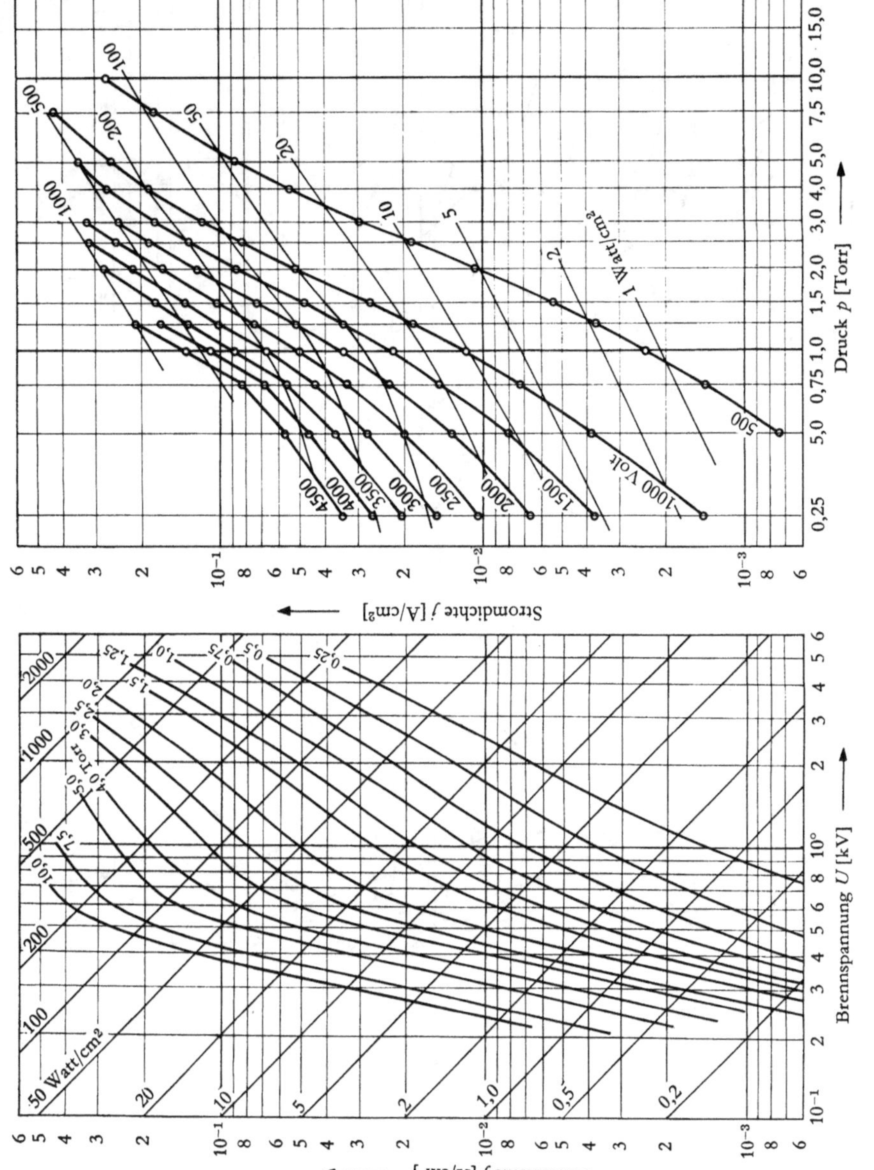

Abb. 10 »Kurzzeit«-Kennlinien einer Niederdruck-Glimmentladung mit Eisenkathode in Argon

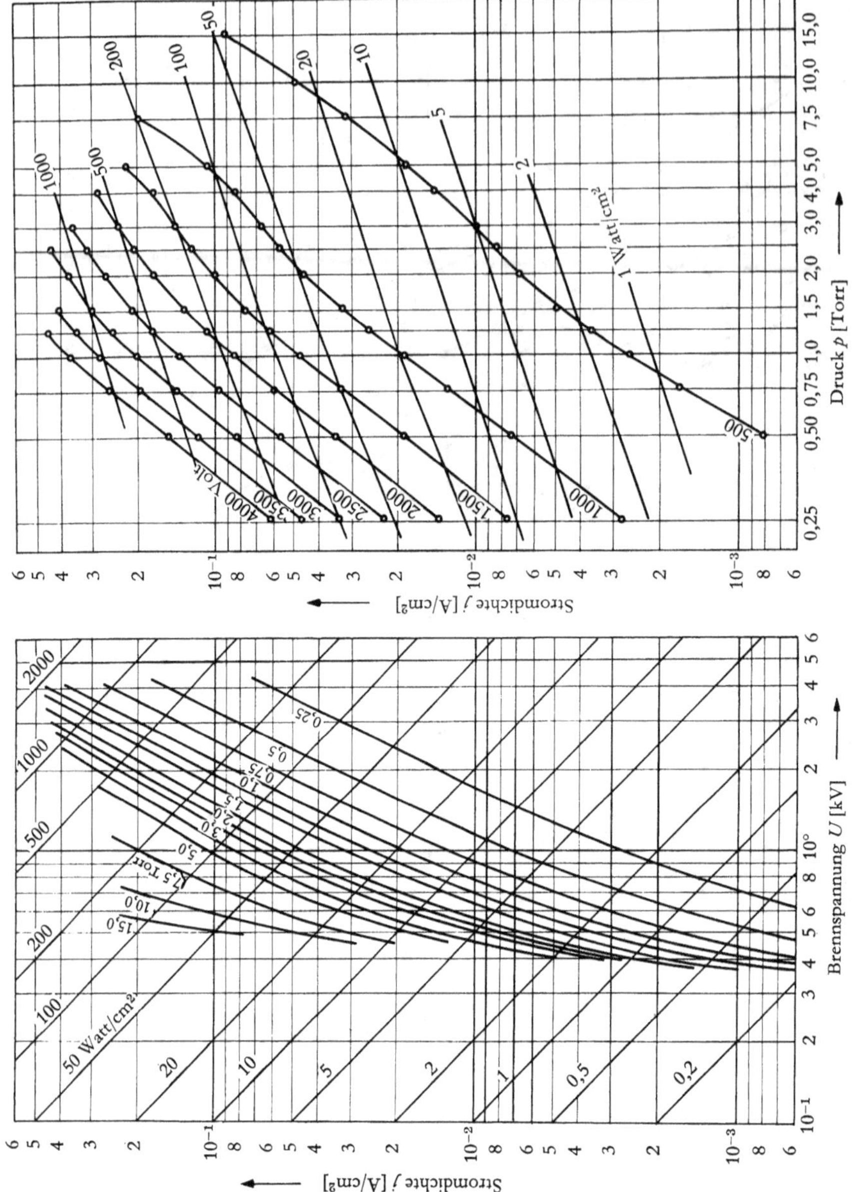

Abb. 11 »Kurzzeit«-Kennlinien einer Niederdruck-Glimmentladung mit Eisenkathode in NH_3

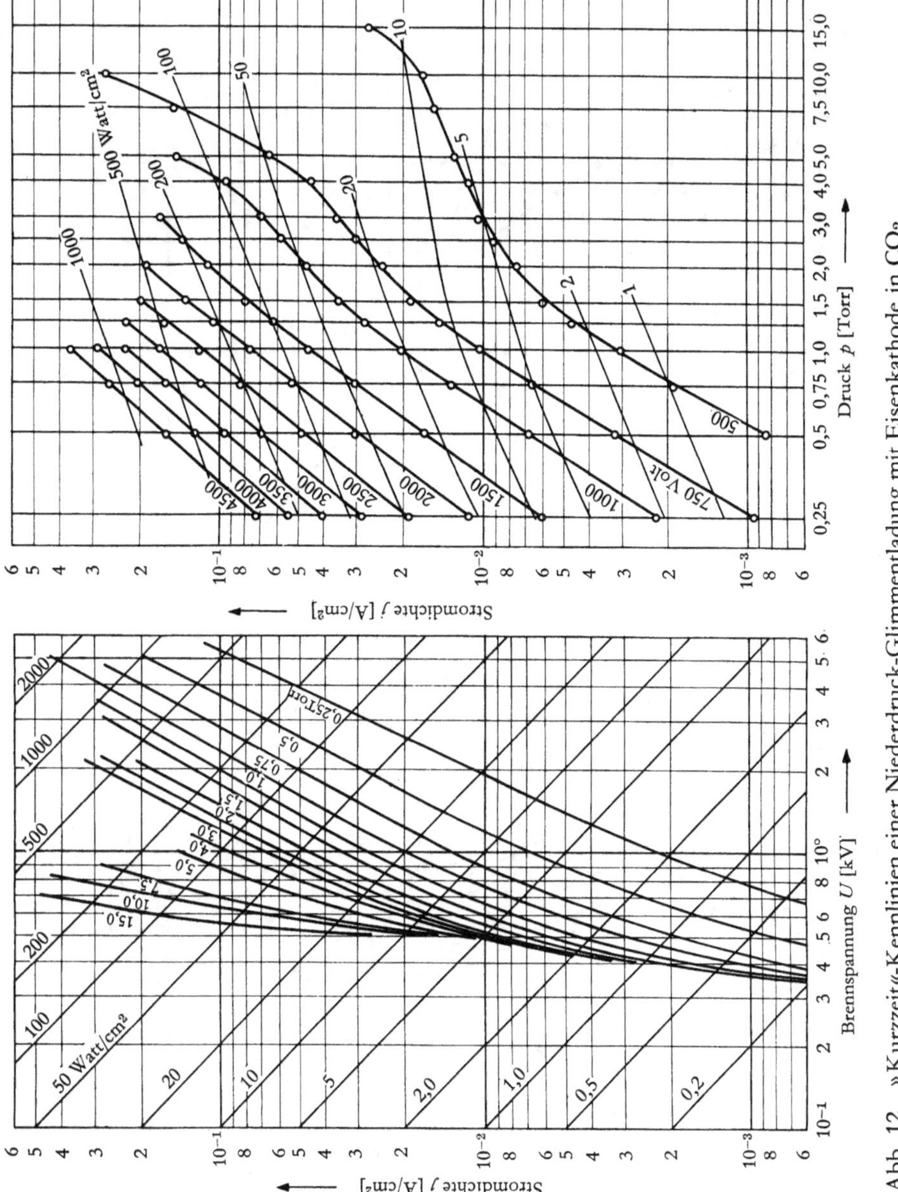

Abb. 12 »Kurzzeit«-Kennlinien einer Niederdruck-Glimmentladung mit Eisenkathode in CO_2

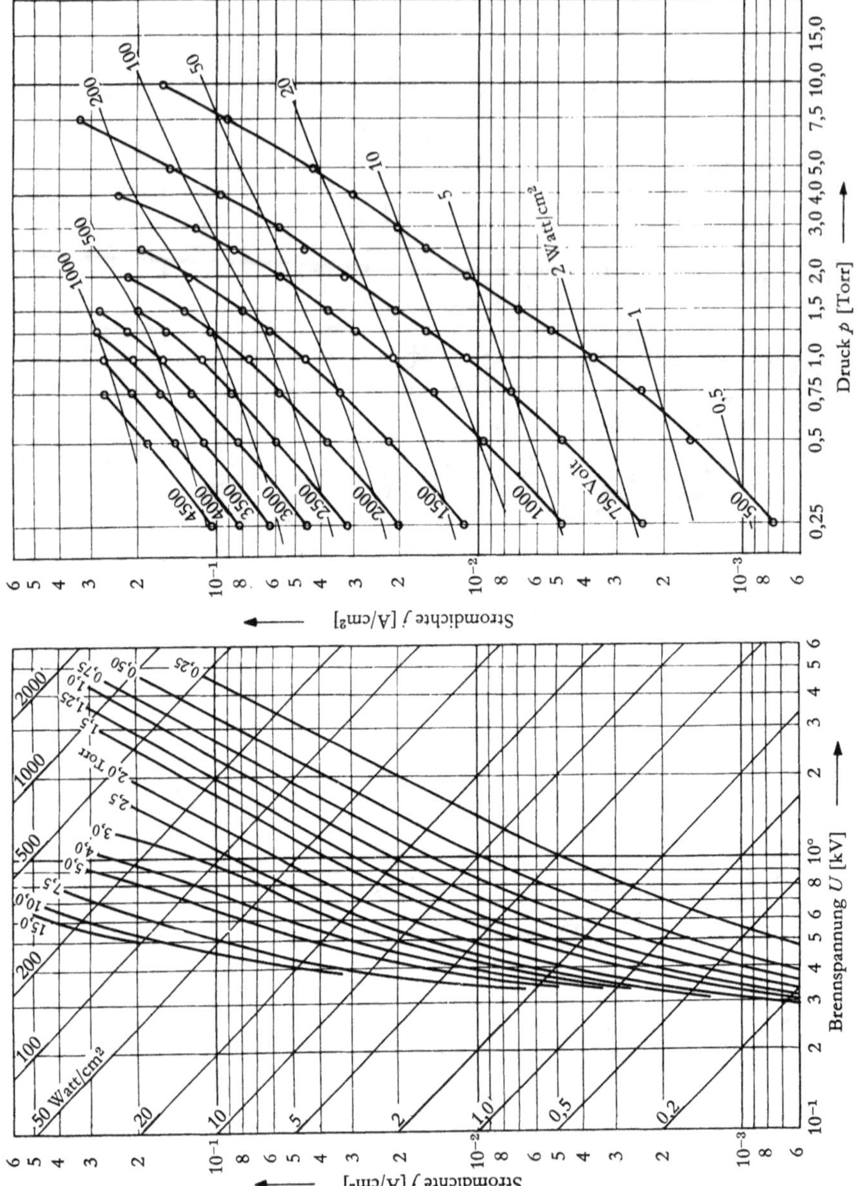

Abb. 13 »Kurzzeit«-Kennlinien einer Niederdruck-Glimmentladung mit Eisenkathode in Luft

3.3. Gültigkeit eines einfachen Potenzgesetzes

Ein Blick auf die Strom-Spannungs-Kennlinien in der doppeltlogarithmischen Darstellung zeigt, daß sie für Brennspannungen, die größer als 800–1000 V sind, einen geradlinigen Verlauf annehmen. Hier gilt also ein einfaches Potenzgesetz,

$$j = F(p) \cdot U^{C_1}, \tag{1}$$

wie es schon von GÜNTHERSCHULZE [11] gefunden wurde. Der Exponent

$$C_1 = d(\ln j)/d(\ln U), \tag{2}$$

ergibt sich unmittelbar aus den Steigungen der Kennlinien. Er ist für ein Gas aber nicht konstant, sondern noch vom Druck abhängig. Die Abb. 14 zeigt diese Druckabhängigkeit von C_1 für die Gase Wasserstoff und Stickstoff. Die von uns für höhere Drücke gefundenen Werte lassen sich ohne Zwang zu den von GÜNTHERSCHULZE gefundenen Werten bei kleinen Gasdrücken extrapolieren.

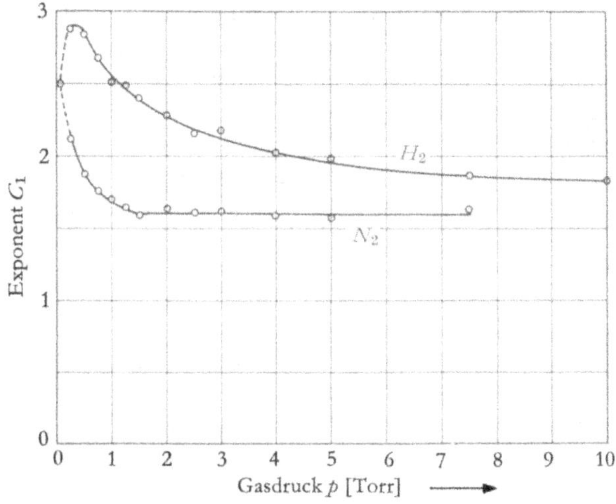

Abb. 14 Druckabhängigkeit des Exponenten $C_1 = d(\ln j)/d(\ln U)$

Auch die Kurven $j(p)$ lassen sich in der doppeltlogarithmischen Darstellung – zumindest abschnittweise – durch Geraden annähern. Für die betreffenden Abschnitte gilt dann die empirische Formel

$$j = g(U) \cdot p^{C_2}, \tag{3}$$

mit dem Exponenten

$$C_2 = d(\ln j)/d(\ln p), \tag{4}$$

Auf Grund des Ähnlichkeitsgesetzes sollte man den Exponenten $C_2 = 2$ erwarten.

In Abb. 15 ist der aus dem Verlauf der Kurven $j(p)$ ermittelte Koeffizient C_2 in Abhängigkeit von der Brennspannung U für Wasserstoff und Stickstoff dargestellt. Die Kurven $j(p)$ wurden dabei jeweils durch zwei Geraden, die eine für den linken unteren, die andere für den rechten oberen Abschnitt, approximiert. Je nach Druck und Stromdichte ergeben sich also für jedes Gas zwei Koeffizienten.

Es zeigt sich nun, daß für Wasserstoff im linken unteren Abschnitt der $j(p)$-Kurven bei Brennspannungen $U > 1,5$ kV tatsächlich und mit guter Genauigkeit der Wert $C_2 = 2$ gilt. Bei höheren Drucken und größeren Stromdichten (rechter oberer Abschnitt der $j(p)$-Kurven) gilt besser $C_2 = 1,5$. Dieser Wert wurde z. B. auch von NAHEMOW und WAINFAN [4] gefunden, die die Abweichung von Wert 2 als reinen Temperatureffekt deuten. Ob die Aufheizung durch die Entladung aber allein für diese Abweichung verantwortlich ist, erscheint uns fraglich. Insbesondere lassen sich dann die Werte $C_2 > 2$, wie sie auch von McCLURE [51] gefunden wurden, nur schwer erklären.

Bei Stickstoff liegt der Wert des Exponenten C_2 sowohl für kleine Drucke und Stromdichten als auch für große Drucke und Stromdichten deutlich unter dem vom Ähnlichkeitsgesetz geforderten Wert 2. Ohne Zweifel spielt hier wegen der im Vergleich zu Wasserstoff viel geringeren Wärmeleitfähigkeit die Aufheizung des Gases durch die Entladung eine große Rolle. Ob sie allein für die Abweichung vom Ähnlichkeitsgesetz verantwortlich ist, erscheint aber auch hier fraglich. Bei Glimmentladungen, bei denen sich eine Erwärmung des Gases durch die Entladung selbst nie ganz vermeiden läßt, ist eine auf den Druck bezogene Stromdichte $j/p^2 = f(U)$ also nur dann sinnvoll, wenn der Druckbereich angegeben wird, für den die gemessene Funktion $f(U)$ gilt.

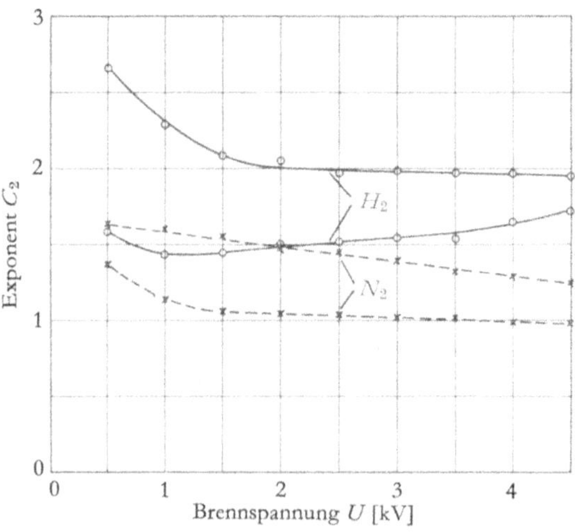

Abb. 15 Brennspannungsabhängigkeit des Exponenten $C_2 = d(\ln j)/d(\ln p)$

4. Literaturverzeichnis

[1] HANTZSCHE, E., Beiträge zur Theorie des Kathodenfalles. Beitr. Plasma Physik, Bd. 4, 165–208 (1964).

[2] DAVIS, W.D., und T.A. VANDERSLICE, Ion Energies at the Cathode of a Glow Discharge. Phys. Rev., Vol. 131, 219–228 (1963).

[3] HEISEN, A., und H. WELLENHOFER, Bestimmung des Plasmawirkungsgrades aus der Energieverteilung positiver Ionen und Elektronen im Kathodenfall einer anomalen Wasserstoff-Glimmentladung. Ann. Phys. 7. Folge, Bd. 12, 275–289 (1963).

[4] NAHEMOW, M., und N. WAINFAN, Study of the Cathode-Fall Region in a Pulsed Glow Discharge. J. Appl. Phys. Vol. 34, 2988–2992 (1963).

[5] McCLURE, G.W., High-Voltage Glow Discharges in D_2 Gas. I. Diagnostic Measurements. Phys. Rev. 124, 969–982 (1961).

[6] McCLURE, G.W., und K.D. GRANZOW, High-Voltage Glow Discharge in D_2 Gas. II. Cathode-Fall Theory. Phys. Rev. Vol. 125, 3–10 (1962).

[7] WÄCHTER, F., Zum Mechanismus der kathodischen Teile einer Glimmentladung. Ann. Phys. 7. Folge, Bd. 8, 31–41 (1961).

[8] NEU, H., Theorie der Strom-Spannungs-Charakteristik der stationären Glimmentladung. I. Die stomschwache Glimmentladung. Z. Phys. Bd. 154, 423–441 (1959).

[9] NEU, H., Theorie der Strom-Spannungs-Charakteristik der stationären Glimmentladung. II. Die stromstarke Glimmentladung. Z. Phys. Bd. 155, 77–100 (1959).

[10] FRANCIS, G., The Glow Discharge at Low Pressure. Handbuch der Phys. XXII, 53 (1956).

[11] GÜNTHERSCHULZE, A., Der Kathodenfall der Glimmentladung in Abhängigkeit von der Stromdichte bei Spannungen bis 3000 V. Z. Phys. Bd. 59, 433–445 (1929/30).

[12] GÜNTHERSCHULZE, A., Zusammenhang zwischen Stromdichte und Kathodenfall der Glimmentladung bei Verwendung einer Schutzringkathode und Korrektion der Temperaturerhöhung des Gases. Z. Phys. Bd. 49, 358–379 (1928).

FORSCHUNGSBERICHTE
DES LANDES NORDRHEIN-WESTFALEN

Herausgegeben im Auftrage des Ministerpräsidenten Dr. Franz Meyers
von Staatssekretär Prof. Dr. h. c. Dr.-Ing. E. h. Leo Brandt

PHYSIK

HEFT 10
Prof. Dr. Wilhelm Vogel, Köln
Das „Streifenpaar" als neues System zur mechanischen Vergrößerung kleiner Verschiebungen und seine technischen Anwendungsmöglichkeiten
1952. 12 Seiten, 6 Abb. DM 4,50

HEFT 62
Prof. Dr. W. Franz, Institut für theoretische Physik der Universität Münster
Berechnung des elektrischen Durchschlags durch feste und flüssige Isolatoren
1954. 26 Seiten. DM 7,—

HEFT 103
Prof. Dr. phil. Walter Weizel, Bonn
Durchführung von experimentellen Untersuchungen über den zeitlichen Ablauf von Funken in komprimierten Edelgasen sowie zu deren mathematischen Berechnung
1954. 32 Seiten, 12 Abb. DM 9,10

HEFT 104
Prof. Dr. phil. Walter Weizel, Bonn
Über den Einfluß der Elektroden auf die Eigenschaften von Cadmium-Sulfid-Widerstands-Photozellen
1954. 34 Seiten, 12 Abb. DM 9,45

HEFT 107
Prof. Dr. Heinrich Lange und Dipl.-Phys. P. St. Pütter, Institut für theoretische Physik der Universität Köln
Über die Konstruktion von Laboratoriumsmagneten
1955. 52 Seiten, 19 Abb., 1 Tabelle. DM 12,30

HEFT 122
Prof. Dr. phil. Walter Fuchs †, Aachen
Untersuchungen zur Verbesserung der Wasseraufbereitung und Wasseranalyse:
Über die Schnellbewertung von Ionenaustauschern
1954. 47 Seiten, 32 Abb. Vergriffen

HEFT 125
Prof. Dr. phil. Eugen Kappler, Münster
Eine neue Methode zur Bestimmung von Kondensations-Koeffizienten von Wasser
1955. 31 Seiten, 11 Abb., 1 Tabelle. DM 9,10

HEFT 141
Dr. phil. J. van Calker und Dr. rer. nat. R. Wienecke, Physikalisches Institut der Universität Münster
Untersuchungen über den Einfluß dritter Analysenpartner auf die spektrochemische Analyse
1955. 25 Seiten, 15 Abb. DM 9,10

HEFT 145
Dr. phil. G. Hennemann, Werdohl (Westf.)
Beitrag zur Interpretation der modernen Atomphysik
1955. 34 Seiten. DM 10,—

HEFT 148
Prof. Dr. phil. Heinz Bittel und Dipl.-Phys. L. Strom, Institut für Angewandte Physik der Universität Münster
Untersuchungen über Widerstandsrauschen
1955. 23 Seiten, 5 Abb. DM 8,40

HEFT 157
Dr. rer. nat. W. Jawtusch und Dr. rer. nat. G. Schuster und Prof. Dr.-Ing. Rudolf Jaeckel, Physikalisches Institut der Universität Bonn
Untersuchungen über die Stoßvorgänge zwischen neutralen Atomen und Molekülen
1955. 35 Seiten, 15 Abb., 3 Tabellen. DM 10,50

HEFT 169
Forschungsinstitut für Pigmente und Lacke, Stuttgart
Leiter : Prof. Dr. rer. nat. Karl Hamann
Arbeiten über die Bestimmung des Gebrauchswertes von Lackfilmen durch physikalische Prüfungen
1955. 58 Seiten, 23 Abb., 4 Tabellen. DM 15,—

HEFT 174
Prof. Dr. phil. C. v. Fragstein, Dr. phil. J. Meingast und H. Koch, Physikalisches Institut der Universität Köln
Herstellung von Solen einheitlicher Teilchengröße und Ermittlung ihrer optischen Eigenschaften
1955. 47 Seiten, 80 Abb., 4 Tabellen. DM 18,25

HEFT 178
Prof. Dr. phil. Mark von Stackelberg und Dr. rer. nat. W. Hans, Bonn
Untersuchungen zur Ausarbeitung und Verbesserung von polarographischen Analysenmethoden
1955. 33 Seiten, 14 Abb. DM 10,50

HEFT 187
Dipl.-Ing. F. Göttgens, Gaswärme-Institut Langenberg/ Rhld. Leiter: Prof. Dr.-Ing. Fritz Schuster
Über die Eigenarten der Bimetall-, Thermo- und Flammenionisationssicherungsmethode in ihrer Anwendung auf Zündsicherungen
1955. 28 Seiten, 6 Abb., 4 Tabellen. DM 8,40

HEFT 189
Fa. E. Leybold's Nachfolger, Köln
I. Ausgewählte Kapitel aus der Vakuumtechnik
II. Zum Verlust anorganisch-nichtflüchtiger Substanzen während der Gefriertrocknung
1955. 39 Seiten, 16 Abb., 3 Tabellen. DM 11,20

HEFT 194
Dr. phil. Karl Hecht, Köln
Entwicklung neuartiger physikalischer Unterrichtsgeräte
1955. 28 Seiten, 16 Abb. DM 9,90

HEFT 209
Dr. rer. nat. K. Bunge, Institut für Spektrochemie und angewandte Spektroskopie Dortmund
Materialabbau in Funkenentladungen. Untersuchungen an Zinkkathoden
1956. 43 Seiten, 10 Abb., 5 Tabellen. DM 11,40

HEFT 210
Dr. rer. nat. W. Porschen und Prof. Dr. phil. W. Riezler, Bonn
Langlebige Alphaaktivitäten bei natürlichen Elementen
1955. 25 Seiten, 5 Abb., 4 Tabellen. DM 8,80

HEFT 233
Dr. phil. nat. H. Haase, Hamburg
Infrarot-Bibliographie
1956. 80 Seiten. DM 17,80

HEFT 251
Prof. Dr. phil. Heinz Bittel, Institut für angewandte Physik der Universität Münster
Zur Statistik der ferromagnetischen Elementarvorgänge und ihren Einfluß auf das Barkhausenrauschen
1956. 41 Seiten, 14 Abb. DM 11,65

HEFT 259
Prof. Dr. habil. Werner Linke, Aachen
Strömungsvorgänge in künstlich belüfteten Räumen
1956. 41 Seiten, 37 Abb., 1 Tabelle. DM 11,80

HEFT 264
Prof. Dr. phil. Walter Weizel, Bonn
Durch schnelle Funkenzusammenbrüche ausgelöste Signale auf einer Leitung
1956. 15 Seiten, 4 Abb., 3 Tabellen. DM 6,10

HEFT 267
Prof. Dr. phil. Walter Weizel und Berthold Brandt, Bonn
Zur Stabilität stromstarker Glimmentladungen
1956. 25 Seiten, 7 Abb. DM 8,40

HEFT 299
Dr. rer. nat. Josef Fassbender und Werner Hoppe, Institut für theoretische Physik Bonn
Eine photoelektrische Nachlaufeinrichtung für Analogie-Rechenmaschinen
1956. 20 Seiten, 8 Abb. DM 7,65

HEFT 326
Prof. Dr.-Ing. Ernst Essers, Institut für Kraftfahrwesen der Rhein.-Westf. Technischen Hochschule Aachen unter Mitarbeit von Dr.-Ing. I. Essers und Dipl.-Ing. J. Klein
Deichselkräfte an Lastzügen
1957. 86 Seiten, 34 Abb. DM 22,10

HEFT 329
Dipl.-Ing. Arnold Krüger, Karlsruhe und Feuerwehr-Ing. Rudolf Radusch, Forschungsstelle für Feuerlöschtechnik an der Technischen Hochschule Karlsruhe
Wasserzerstäubung im Strahlrohr
1956. 78 Seiten, 21 Abb., 3 Tabellen. DM 18,65

HEFT 330
Dr.-Ing. Ernst Pepping, Aerodynamisches Institut der Rhein.-Westf. Technischen Hochschule Aachen
Leiter: Prof. Dr.-Ing. F. Seewald
Die Durchflußzahl des Rechteckschlitzes in einer sehr großen Wand
1957. 46 Seiten, 21 Abb. DM 12,35

HEFT 332
Prof. Dr.-Ing. Rudolf Jaeckel und Dr. rer. nat. G. Reich, Physikalisches Institut der Universität Bonn
Messung von Dampfdrücken im Gebiet unter 10^{-2} Torr
1956. 34 Seiten, 16 Abb., 2 Tabellen. DM 10,40

HEFT 334
Prof. Dr. phil. Walter Weizel und Dr. rer. nat. Gerhard Meister, Bonn
Spektralanalyse durch Messung des Interferenz-Kontrastes
1956. 29 Seiten, 8 Abb. DM 9,30

HEFT 335
*Prof. Dr. phil. Walter Weizel und Hermann Hornberg,
Institut für theoretische Physik der Universität Bonn*
Untersuchungen der anodischen Teile einer Glimm-
entladung
*1957. 49 Seiten, 21 Abb., 19 Farbabb., 1 Tabelle.
DM 32,80*

HEFT 341
*Prof. Dr.-Ing. Helmut Winterhager und Dipl.-Ing.
Leo Werner, Aachen*
Präzisions-Meßverfahren zur Bestimmung des elek-
trischen Leitvermögens geschmolzener Salze
1956. 36 Seiten, 19 Abb., 1 Tabelle. DM 10,60

HEFT 344
Prof. Dr.-Ing. Wilhelm Fucks, Aachen
Zur Deutung einfachster mathematischer Sprach-
charakteristiken
1956. 21 Seiten, 12 Abb. DM 7,80

HEFT 356
*Dipl.-Phys. Gerhard Gurke, Physikalisches Institut der
Rhein.-Westf. Technischen Hochschule Aachen
Leiter : Prof. Dr.-Ing. Wilhelm Fucks*
Aufbau einer Meßanlage für Untersuchungen elek-
trischer Gasentladung im Bereiche großer p.
d.-Werte
1956. 25 Seiten, 13 Abb., 1 Tabelle. DM 8,65

HEFT 357
Prof. Dr.-Ing. Wilhelm Fucks, Aachen
Mathematische Analyse der Formalstruktur von
Musik
1958. 46 Seiten, 29 Abb., 16 Tabellen. DM 13,60

HEFT 361
*Dipl.-Ing. Hans Friedrich Klein, Aerodynamisches In-
stitut der Rhein.-Westf. Technischen Hochschule Aachen
Leitung : Prof. Dr.-Ing. F. Seewald*
Die nichtstationären Strömungsvorgänge und der
Wärmeübergang in einem Schwingfeuergerät
1957. 84 Seiten, 34 Abb., 4 Falttafeln. DM 25,90

HEFT 368
*Prof. Dr. phil. Heinrich Kaiser, Institut für Spektro-
chemie und angewandte Spektroskopie Dortmund*
Entwicklung betriebsmäßiger spektrochemischer
Analysenverfahren für technische Gläser
1957. 29 Seiten, 11 Abb. DM 9,10

HEFT 369
*Prof. Dr.-Ing. Rudolf Jaeckel und Dipl.-Phys. Franz
Josef Schittko, Physikalisches Institut der Universität
Bonn*
Gasabgabe von Werkstoffen ins Vakuum
1957. 48 Seiten, 20 Abb., 6 Tabellen. DM 13,30

HEFT 375
Technischer Überwachungs-Verein e. V., Essen
Wanddickenmessungen mittels radioaktiver Strah-
len und Zählrohrgerät
1958. 24 Seiten, 15 Abb. DM 9,55

HEFT 380
*Dipl.-Phys. Rüdiger Trappenberg, Meteorologisches In-
stitut der Technischen Hochschule Karlsruhe*
Theoretische und experimentelle Untersuchungen
zur Staubverteilung einer Rauchfahne
1957. 52 Seiten, 7 Abb., 18 Tabellen. DM 14,90

HEFT 386
*Prof. Dr.-Ing. Herwart Opitz und Dipl.-Ing. Oskar
Hake, Aachen*
Standzeituntersuchungen und Verschleißmessun-
gen mit radioaktiven Isotopen
1958. 36 Seiten, 33 Abb., 3 Tabellen. DM 12,75

HEFT 404
*Prof. Dr. Rudolf Jaeckel und Dipl.-Phys. Franz Gross,
Physikalisches Institut der Universität Bonn*
Die Löslichkeit von Gasen in schwerflüchtigen
organischen Flüssigkeiten
1957. 34 Seiten, 17 Abb., 1 Tabelle. DM 11,50

HEFT 415
*Prof. Dr.-Ing. Wolfgang Paul, Dr. rer. nat. Otto
Osberghaus und Dipl.-Phys. Erhardt Fischer, Physikali-
sches Institut der Universität Bonn*
Ein Ionenkäfig
1958. 42 Seiten, 18 Abb., 2 Tabellen. DM 13,65

HEFT 419
Dipl.-Ing. Karlheinz Brocks, Mülheim (Ruhr)
Die Messungen der Reflexionseigenschaften künst-
licher und natürlicher Materialien mit quasi-opti-
schen Methoden bei Mikrowellen
1957. 76 Seiten, 52 Abb. DM 20,35

HEFT 420
Dipl.-Ing. Martin Vogel, Oberpfaffenhofen
Das Spektralgebiet zwischen dem langwelligen
Ultrarot und den Mikrowellen. Stand der Technik
und Entwicklungstendenzen
1957. 55 Seiten, 2 Abb. DM 13,50

HEFT 432
*Dipl.-Phys. Dr. Rudolf Werz, Institut für Strahlen-
und Kernphysik der Universität Bonn*
Die Entwicklung einer Synchronzyklotron-Ionen-
quelle
1958. 109 Seiten, 90 Abb. 1 Tabelle. DM 30,30

HEFT 439
*Prof. Dr. phil. Heinrich Lange, und Dipl.-Phys. Dr.
rer. nat. Rudolf Kohlhaas, Institut für theoretische
Physik der Universität Köln*
Anwendung der thermomagnetischen Analyse zum
Studium des Umwandlungsverhaltens von Eisen-
werkstoffen im Temperaturbereich von —150 bis
+ 1500 Grad C
1958. 95 Seiten, 72 Abb., 2 Tabellen. DM 27,10

HEFT 443
*Prof. Dr. phil. Walter Weizel und Karlheinz Kluth,
Bonn*
Über die Struktur der positiven Gleitentladungen
1957. 32 Seiten, 30 Abb. DM 12,20

HEFT 450
Prof. Dr.-Ing. Wolfgang Paul, und Dipl.-Phys. Hans Peter Reinhard, Physikalisches Institut der Universität Bonn
Das elektrische Massenfilter als Isotopentrenner
1958. 44 Seiten, 20 Abb. DM 13,50

HEFT 459
Prof. Dr. phil. Franz Wever, Dr. phil. Otto Krisement und Hanna Schädler, Max-Planck-Institut für Eisenforschung, Düsseldorf
Ein isothermes Mikrokalorimeter zur kinetischen Messung von Umwandlungs- und Ausscheidungsvorgängen in Legierungen
1957. 31 Seiten, 14 Abb. DM 10,75

HEFT 460
Prof. Dr. phil. Franz Wever und Dr. rer. nat. Bernhard Ilschner, Max-Planck-Institut für Eisenforschung, Düsseldorf
Ein isothermes Lösungskalorimeter zur Bestimmung thermo-dynamischer Zustandsgrößen von Legierungen
1957, 31 Seiten, 7 Abb., 4 Tabellen. DM 10,40

HEFT 502
Prof. Dr. Max Diem und Dr. Rüdiger Trappenberg, Meteorologisches Institut der Technischen Hochschule Karlsruhe
Berechnung der Ausbreitung von Staub und Gas
1957. 18 Seiten Text und 67 z. T. großformatige zweifarbige Diagramme. DM 37,30

HEFT 504
Prof. Dr. phil. Franz Wever, Dr. phil. Wilhelm Wink und Dr. rer. nat. Werner Jellinghaus, Max-Planck-Institut für Eisenforschung, Düsseldorf
Versuchsanordnung zur Messung der Suszeptibilität paramagnetischer Stoffe und Meßergebnisse an Nickel-Chrom- und Kobalt-Nickel-Chrom-Werkstoffen
1958. 26 Seiten, 10 Abb., 2 Tabellen. DM 9,95

HEFT 507
Prof. Dr. Heinrich Kaiser, Dortmund, Dr. Gerhard Bergmann und Priv.-Doz. Dr. Günter Kresze, Spektrochemie und angewandte Spektroskopie, Dortmund-Aplerbeck
Kartei zur Dokumentation in der Molekülspektroskopie
1958. 34 Seiten, 3 Abb., 6 Tabellen. DM 11,90

HEFT 510
Prof. Dr. rer. nat. Wilhelm Groth, Dr.-Ing. Konrad Bayerle, Dr. rer. nat. Hans Ihle, Dr. rer. nat. Alexander Murrenhoff, Erich Nann und Dr. rer. nat. Karl-Heinz Welge, Bonn
Anreicherung der Uranisotope nach dem Gaszentrifugenverfahren
1958. 76 Seiten, 43 Abb. DM 21,20

HEFT 516
Prof. Dr.-Ing. Harald Müller, Dipl.-Ing. Friedhelm Reinke und Dipl.-Ing. Wilhelm Sorgenicht, Elektrowärme-Institut Essen
Gesamtstrahlungsmessungen der Temperaturstrahlung
1958. 82 Seiten, 42 Abb. DM 22,80

HEFT 519
Prof. Dr. phil. Franz Wever, Dr. phil. Walter Koch und Dr. phil. Siegfried Eckhard, Max-Planck-Institut für Eisenforschung, Düsseldorf
Die spektrographische Bestimmung der Spurenelemente in Stahl ohne vorherige Abbrennung
1958. 36 Seiten, 22 Abb. DM 12,60

HEFT 527
Dr. rer. nat. Klaus Georg Müller, aus dem Institut der Forschungsgesellschaft Verfahrenstechnik e. V. an der Rhein.-Westf. Technischen Hochschule Aachen
Wärmeübertragung auf eine Flugstaubströmung im senkrechten Rohr sowie auf eine durchströmte Schüttgutschicht
1958. 74 Seiten, 34 Abb., 9 Tabellen. DM 20,70

HEFT 537
Dr.-Ing. Nikolaus Gössl, Frankfurt
Probleme der Zugförderung im Zusammenhang mit der Ausnützung der Atom-Energie
1958. 116 Seiten, 28 Abb., 12 Tabellen. DM 29,90

HEFT 548
Prof. Dr.-Ing. Karl Leist und Dr.-Ing. Joseph Weber, Institut für Turbomaschinen der Rhein.-Westf. Technischen Hochschule Aachen
Spannungsoptische Untersuchungen von Turbinenscheiben mit angefrästen und eingesetzten Schaufeln
1958. 28 Seiten, 28 Abb., 4 Tabellen. DM 8,30

HEFT 549
Dr.-Ing. Rolf Merten, Duisburg
Resonanzanpassung bei einem Tiefpaß
1958. 22 Seiten, 16 Abb. DM 9,—

HEFT 550
Dr. Hans Stephan, Bonn
Elektrisches Standhöhenmeßgerät für Flüssigkeiten
1958. 25 Seiten, 13 Abb., 2 Tabellen. DM 10,10

HEFT 551
Prof. Dr. phil. Walter Weizel und Dipl.-Phys. Berthold Brandt, Institut für theoretische Physik der Universität Bonn
Betriebsbedingungen einer stromstarken Glimmentladung
1958. 54 Seiten, 18 Abb. DM 16,—

HEFT 567
Dr. rer. nat. Kurt Sauerwein, Düsseldorf
Anwendungen radioaktiver Isotope in der Technik
1958. 74 Seiten, 33 Abb., 9 Tabellen. DM 19,60

HEFT 583
Prof. Dr. phil. Fritz Kirchner, Dipl.-Phys. Heinz Baron und Dipl.-Phys. Herbert Kirchner, Köln
Verwendbarkeit von Zählrohren zu massenspektrometrischen Untersuchungen
1958. 12 Seiten, 5 Abb. DM 6,70

HEFT 590
Übergabe des Synchro-Zyklotrons an das Institut für Strahlen- und Kernphysik der Universität Bonn am 8. Mai 1957
1958. 52 Seiten, 16 Abb. DM 16,50

HEFT 594
Prof. Dr. Alexander Nikuradse, Institut für Elektronen- und Ionenforschung, München
Energieabsorption von Atomkernstrahlen in organischen Stoffen und durch sie hervorgerufene Reaktionsprozesse
1958. 56 Seiten, 13 Abb., 2 Tabellen. DM 15,10

HEFT 595
Prof. Dr. Alexander Nikuradse und Dipl.-Phys. Karl Kugler, Institut für Elektronen- und Ionenforschung, München
Einfluß der molekularen bzw. atomaren Beschaffenheit der Festwandoberflächenschicht auf die Wechselwirkung zwischen auftretenden Gasmolekülen und der Wand
1958. 15 Seiten, 9 Abb. DM 8,40

HEFT 608
Prof. Dr. habil. Werner Linke und Dipl.-Ing. Werner Hufschmidt, Rhein.-Westf. Technische Hochschule Aachen
Wärmeübergang bei pulsierender Strömung
1958. 30 Seiten, 18 Abb. DM 9,—

HEFT 615
Prof. Dr. phil. Walter Weizel und Duk Hyun Whang, Institut für theoretische Physik der Universität Bonn
Stromverteilung auf der Kathode einer Glimmentladung in Spalten bei hohen Drücken und abseits stehender Anode
1958. 28 Seiten, 16 Abb. DM 8,80

HEFT 616
Prof. Dr. phil. Walter Weizel und Wolfgang Ohlendorf, Institut für theoretische Physik der Universität Bonn
Die Glimmentladung in spaltartigen Entladungsräumen
1958. 38 Seiten, 18 Abb. DM 10,70

HEFT 622
Prof. Dr. Walter Franz, Institut für theoretische Physik der Universität Münster
Theorie der Elektronenbeweglichkeit in Halbleitern
1958. 39 Seiten, 9 Abb. DM 10,80

HEFT 642
Dr.-Ing. Hans-Joachim Eckhardt, Elektrowärme-Institut Essen und Langenberg
Leiter: Prof. Dr.-Ing. Harald Müller
Die dielektrische Trocknung bei erniedrigtem Luftdruck mit Beiträgen zum physikalischen Verhalten der Mischkörper
1958. 65 Seiten, 5 Abb., 19 Beilagen. DM 17,10

HEFT 643
Max-Planck-Institut für Silikatforschung, Würzburg
Spannungsmessungen an Schleifkörpern
1958. 38 Seiten, 22 Abb. DM 11,70

HEFT 651
Dr.-Ing. Albrecht Eisenberg, Staatliches Materialprüfungsamt Dortmund
Versuche zur Körperschalldämmung in Gebäuden
1958. 26 Seiten, 20 Abb. DM 8,10

HEFT 652
Dr. phil. nat. H. Haase, Hamburg
Infrarot-Bibliographie II
1959. 42 Seiten. DM 11,—

HEFT 653
Prof. Dr. Karl Hamann und Dr. Werner Funke, Forschungsinstitut für Pigmente und Lacke Stuttgart
Die Schutzwirkung organischer Inhibitoren in wäßriger Lösung gegenüber Eisen
1958. 72 Seiten, 31 Abb. DM 18,70

HEFT 656
Prof. Dr. Ernst Jenckel und Dr. Helmuth Huhn, Institut für theoretische Hüttenkunde und physikalische Chemie der Rhein.-Westf. Technischen Hochschule Aachen
Das Verkleben von Aluminium mit carboxylsubstituierten Polystrolen
1958. 42 Seiten, 16 Abb., 3 Tabellen. DM 11,60

HEFT 657
Prof. Dr. phil. Walter Weizel und Dr. Helmut Herrmann, Institut für theoretische Physik der Universität Bonn
Glimmentladungen an festen nichtmetallischen Elektroden
1959. 13 Seiten, 2 Abb., 1 Tabelle. DM 5,—

HEFT 662
Prof. Dr. phil. Heinrich Lange und Dr. rer. nat. Rudolf Kohlhaas, Institut für theoretische Physik der Universität Köln
Über die Konstruktion von Laboratoriumsmagneten
2. Teil: Technische Ausführung verschiedener Magnettypen
1958. 29 Seiten, 20 Abb., 3 Tabellen. DM 9,80

HEFT 683
Prof. Dr.-Ing. Rudolf Jaeckel und Dr. rer. nat. Horst Kutscher, Physikalisches Institut der Universität Bonn
Das Verhalten von Überschallströmungen bei Drücken unter 1 Torr
1959. 61 Seiten, 43 Abb., 12 Farbtafeln. DM 50,—

HEFT 684
Prof. Dr. sc. techn. Fritz Schultz-Grunow und
Dr.-Ing. Hansgeorg Hein, Rhein.-Westf. Technische
Hochschule Aachen
Theoretische und experimentelle Beiträge zur
Grenzschichtströmung
1959. 65 Seiten, 49 Abb., 1 Tabelle. DM 19,—

HEFT 687
Prof. Dr. Eugen Kappler, Dr. Heinrich Frinken und
cand. phys. Josef Vanheiden, Physikalisches Institut der
Universität Münster
Teil I: Das elastische Verhalten der Metalle beim
Zugversuch im Bereich der plastischen Verformung.
Teil II: Untersuchungen über das elastische Verhalten metallischer Werkstoffe im Bereich der plastischen Verformung beim Brinellschen Kugel-
druckversuch
1959. 55 Seiten, 42 Abb. DM 15,30

HEFT 696
Dr. rer. ant. Hans Ehrenberg und
Dipl.-Phys. Hans-Josef Mürtz, Physikalisches Institut
der Universität Bonn
Massenspektrometrische Untersuchungen an Blei-
erzen
1959. 31 Seiten, 12 Abb., 2 Tabellen. DM 9,40

HEFT 717
Prof. Dr. phil. Walter Franz, Institut für theoretische
Physik der Universität Münster
Leitungsvorgänge in Halbleitern anisotroper
Struktur
1959. 29 Seiten, 9 Abb., 2 Tabellen. DM 8,80

HEFT 719
Prof. Dr. phil. Heinrich Lange und
Dr. rer. nat. Wolfgang Habbel, Institut für theoretische
Physik der Universität Köln
Das spannungsoptische Bild von Stoßwellen in der
elastischen Halbebene in Abhängigkeit von der
Stoßdauer und der Stoßgeschwindigkeit
1959. 52 Seiten, 46 Abb. DM 35,20

HEFT 724
Prof. Dr. Gottfried Eckart, Dr. Friedrich Gimmel,
Thilo Conrady und Bernd Scherer, Institut für ange-
wandte Physik und Elektrotechnik der Universität des
Saarlandes, Saarbrücken
Sonderfragen bei Breitband-Schlitzantennen
1959. 32 Seiten, 3 Abb., 4 Kurvenblätter. DM 9,40

HEFT 735
Dipl.-Ing. Robert Lüttmann, Gaswärme-Institut Essen-
Steele
Wissenschaftliche Leitung: Prof. Dr.-Ing. Fritz Schuster
Wärmeaustausch bei durch Anwendung von
Sintermetallen verschiedenartig ausgeführten Wär-
meübertragungsflächen
1959. 27 Seiten, 13 Abb. DM 8,80

HEFT 752
Prof. Dr. phil. Walter Weizel und
Dipl.-Phys. Dr. Hermann Hornberg, Institut für theore-
tische Physik der Universität Bonn
Glimmentladungssäulen ohne Wandeinflüsse
1959. 52 Seiten, 53 Abb. DM 41,—

HEFT 753
Prof. Dr. Ernst Jenckel und Dr. Karl-Heinz Illers,
Institut für theoretische Hüttenkunde und physikalische
Chemie der Rhein.-Westf. Technischen Hochschule Aachen
Mechanische Relaxationserscheinungen in ver-
netztem und gequollenem Polystrol
1959. 92 Seiten, 49 Abb. DM 24,80

HEFT 759
Dr. Curt Brunnée und Dr. Ludolf Jenckel, Bremen
Untersuchung und Verbesserung des Störunter-
grundes im Massenspektrometer
1959. 59 Seiten, 36 Abb. DM 17,70

HEFT 760
Dipl.-Phys. Bruno Franzen,
Prof. Dr.-Ing. Wilhelm Fucks und
Prof. Dr. phil. Georg Schmitz, Physikalisches Institut
der Rhein.-Westf. Technischen Hochschule Aachen
Vergleich von Korona- und Hitzdrahtanemometer
durch Messung von Turbulenzspektren
1959. 70 Seiten, 49 Abb. DM 19,90

HEFT 779
Prof. Dr.-Ing. Felix Eisele und
Dipl.-Phys. Dietrich Löbell
Versuchsfeld für Werkzeugmaschinen, Technische Hoch-
schule München
Untersuchungen der kennzeichnenden Eigen-
schaften von Meßuhren und Feinzeigern
1959. 106 Seiten, 67 Abb. DM 29,20

HEFT 797
Prof. Dr. phil. Heinrich Lange und
Dr. rer. nat. Rudolf Kohlhaas, Institut für theoretische
Physik der Universität Köln
Über die wahre spezifische Wärme von Eisen,
Nickel und Chrom bei hohen Temperaturen.
Neue Verfahren zur Messung der wahren spezifi-
schen Wärme von Metallen bei hohen Temperaturen
1960. 115 Seiten, 38 Abb., 24 Tabellen. DM 31,20

HEFT 829
Dr. Hans Strack, Institut für theoretische Physik der
Universität Bonn
Glimmentladung im Inneren eines kathodischen
Rohres
1960. 34 Seiten, 16 Abb. DM 10,30

HEFT 832
Prof. Dr. Günter Ecker, Dietrich Voslamber, Institut
für theoretische Physik der Universität Bonn
Die Impulsstreuungsmomente in kollektiven Ge-
samtheiten
1960. 49 Seiten, 4 Abb. DM 15,10

HEFT 836
Dipl.-Met. Heinrich Borchardt, Essen
Physikalisch-technische Grundlagen der meteoro-
logischen Anwendung von Radar nach Erfahrun-
gen mit der Wetterradaranlage des Institutes für
Mikrowellen in der Deutschen Versuchsanstalt für
Luftfahrt e. V., Mülheim/Ruhr
1960. 139 Seiten, 59 Abb., 4 Tabellen,
4 Tafeln, 5 Bildserien. DM 39,90

HEFT 853
Prof. Dr. phil. Walter Weizel und
Dr. rer. nat. Gerhard Albrecht, Institut für theoretische
Physik der Universität Bonn
Glimmentladungssäulen ohne Wand bei höheren
Drucken
1960. 35 Seiten, 19 Abb. DM 19,90

HEFT 857
Prof. Dr. phil. Walter Weizel und
Dipl.-Phys. Friedrich Laube, Institut für theoretische
Physik der Universität Bonn
Schichten im Faradayschen Dunkelraum der
Glimmentladung und elektrochemische Eigen-
schaften des Entladungsgases
1960. 72 Seiten, 47 Abb. DM 49,80

HEFT 862
Dipl.-Phys. Wilhelm Gerke, Institut für theoretische
Physik der Universität Bonn
Drehstromglimmentladung im Stickstoff
1960. 39 Seiten, 22 Abb., 2 Tabellen. DM 12,50

HEFT 871
Prof. Dr. phil. Walter Weizel und
Dr. Helmut Herrmann, Institut für Glimmentladungs-
forschung Köln
Betriebsbedingungen einer Glimmentladung in
aggressiven Gasen
1960. 26 Seiten, 14 Abb. DM 14,—

HEFT 872
Prof. Dr. phil. Walter Weizel und
Dipl.-Phys. Herrmann Franke, Institut für theoretische
Physik der Universität Bonn
Untersuchungen an strömenden Stickstoffnach-
leuchtplasmen einer positiven Säule
1960. 53 Seiten, 24 Abb. DM 16,20

HEFT 904
Dr.-Ing. Otto Adam, Forschungsinstitut für Ver-
fahrenstechnik GVT an der Rhein.-Westf. Technischen
Hochschule Aachen
Untersuchung über die Vorgänge in feststoff-
beladenen Gasströmen
1960. 165 Seiten, 86 Abb., 3 Tabellen. DM 48,20

HEFT 926
Prof. Dr.-Ing. Helmut Wolf und
Dr.-Ing. Siegfried Heitz, Institut für theoretische
Geodäsie der Universität Bonn
Zeitliche Schwerkraft-Änderungen in ihrer Be-
deutung für die praktische Gravimetrie
1961. 70 Seiten, 14 Abb. DM 20,20

HEFT 933
Dipl.-Ing. Klaus Stamm, Laboratorium für Ultraschall
an der Rhein.-Westf. Technischen Hochschule Aachen
Die Vernebelung schmelzbarer Festkörper mit
Ultraschall
1960. 24 Seiten, 21 Abb. DM 9,20

HEFT 944
Dipl.-Phys. Günter Waidmann, Gesellschaft zur Förde-
rung der Glimmentladungsforschung e. V., Köln
Nitrierung dünner Stahlschichten mit Hilfe einer
Glimmentladung
1961. 50 Seiten, 31 Abb., 2 Tabellen. DM 16,30

HEFT 975
Prof. Dr. Albert Narath, Institut für angewandte
Photochemie und Filmtechnik der Technischen Universität
Berlin
Über die Herstellung von Kernspuremulsionen
1961. 36 Seiten, 10 Abb., 1 Tabelle. DM 11,50

HEFT 976
Dipl.-Phys. Horst Küppers, Institut für theoretische
Physik der Universität Köln
Die Untersuchung der Ausbreitung von Stoßwellen in Platten auf schlierenoptischem und
spannungsoptischem Wege
1961. 61 Seiten, 77 Abb., 5 Tabellen. DM 44,60

HEFT 983
Prof. Dr.-Ing. Paul Hadlatsch, Aerodynamisches Insti-
tut der Rhein.-Westf. Technischen Hochschule Aachen
Berechnung der Druckwellen in Brennstoff-
einspritzsystemen und in hydraulischen Ventil-
steuerungen
1961. 107 Seiten, 31 Abb., 2 Tabellen. DM 33,90

HEFT 985
Dr. Hans Strack, Gesellschaft zur Förderung der
Glimmentladungsforschung e. V., Köln
Temperaturmessung in Glimmentladungen
1962. 44 Seiten, 18 Abb. DM 14,30

HEFT 986
Dr.-Ing. Jameel Ahmad Khan, Aerodynamisches Insti-
tut der Rhein.-Westf. Technischen Hochschule Aachen
Untersuchungen zur instationären Strömung durch
unstetige Querschnittsänderungen in Druckleitungen von Einspritzsystemen
1961. 76 Seiten, 47 Abb., 1 Tabelle. DM 28,60

HEFT 987
Dr.-Ing. Wilhelm Bosch, Aerodynamisches Institut der
Rhein.-Westf. Technischen Hochschule Aachen
Untersuchungen zur instationären reibenden
Strömung in Druckleitungen von Einspritz-
systemen
1961. 55 Seiten, 37 Abb. DM 20,—

HEFT 988
Dr.-Ing. Werner Wilhelm und Dipl.-Ing. Rudolf Jürgler,
Aerodynamisches Institut der Rhein.-Westf. Technischen
Hochschule Aachen
Nichtstationäre, eindimensionale und reibungsfreie
Gasströmung schwach kompressibler Medien in
Rohren mit einigen unstetigen Querschnitts-
änderungen
1961. 69 Seiten, 17 Abb. DM 21,50

HEFT 989
Dr.-Ing. Werner Wilhelm, Aerodynamisches Institut
der Rhein.-Westf. Technischen Hochschule Aachen
Einfluß der Spülkanalabmessungen auf den La-
dungswechsel kurbelkastengespülter Zweitakt-
Motoren
1961. 99 Seiten, 37 Abb., 16 Tabellen. DM 35,30

HEFT 990
Dr.-Ing. Frieder Voigt, Aerodynamisches Institut der
Rhein.-Westf. Technischen Hochschule Aachen
Vorgänge beim Start einer Überschallströmung
1961. 36 Seiten, 32 Seiten Bildanhang. DM 23,20

HEFT 991
Dipl.-Ing. Werner Preukschat, Aerodynamisches Institut
der Rhein.-Westf. Technischen Hochschule Aachen
Beschreibung eines Druckmeßgerätes, das zur
Messung geringer Druckschwankungen bei hohen
Frequenzen geeignet ist
1961. 22 Seiten, 14 Abb., 2 Tabellen. DM 8,80

HEFT 1001
Dipl.-Phys. Günter Langner, Institut für Elektronen-
mikroskopie an der Medizinischen Akademie Düsseldorf
Direktor: Prof. Dr. med. H. Ruska
Die Informationsübertragung bei der Mikroskopie
mit Röntgenstrahlen
1961. 125 Seiten, 7 Abb. DM 37,—

HEFT 1013
Prof. Dr. phil. Heinrich Lange und
Dr. rer. nat. Karl Heinz Schmidt, Institut für theoreti-
sche Physik der Universität Köln
Theoretische und experimentelle Untersuchung
der Strahlengeometrie bei Texturgonoimetern
1961. 119 Seiten, 52 Abb. DM 38,30

HEFT 1014
Prof. Dr. phil. Heinrich Lange und
Dr.-Ing. Ernst Müller, Institut für theoretische Physik
der Universität Köln
Verfahren zur Bestimmung der Gleich- und
Wechselfeldmagnetisierung kleiner Proben. Unter-
suchungen im System der Nickel-Zink-Ferrite
1961. 89 Seiten, 20 Abb., 34 Tabellen. DM 37,20

HEFT 1034
Dipl.-Phys. Bernd Klüser, Institut für theoretische Physik
der Universität Bonn
Aufteilung der Entladungsenergie auf die Elektronen einer Glimmentladung
1961. 33 Seiten, 21 Abb. DM 12,60

HEFT 1038
Dipl.-Phys. Hasso Wichmann und
Prof. Dr. phil. Walter Weizel, Gesellschaft zur Förde-
rung der Glimmentladungsforschung e. V., Institut Köln
Der Einfluß der Glimmentladung auf die Per-
meation von Gasen durch Metalle
1961. 57 Seiten, 28 Abb., 11 Skizzen, 2 Tabellen.
DM 22,80

HEFT 1062
Dr.-Ing. Heinrich Pfeiffer, Aerodynamisches Institut der
Rhein.-Westf. Technischen Hochschule Aachen
Strömungsuntersuchungen an Kreiszylindern bei
hohen Geschwindigkeiten
1962. 73 Seiten, 53 Abb. DM 26,—

HEFT 1074
Prof. Dr. rer. techn. Fritz Reutter und
Dr. rer. nat. Gerhard Patzelt, Institut für Geometrie
und praktische Mathematik der Rhein.-Westf. Techni-
schen Hochschule Aachen
Mathematische Behandlung einer angenäherten
quasilinearen Potentialgleichung der ebenen kom-
pressiblen Strömung
1962. 87 Seiten, 15 Abb., 10 Tabellen. DM 53,—

HEFT 1080
Prof. Dr.-Ing. Ludolf Engel, Bergakademie Clausthal,
Clausthal-Zellerfeld
Theorie der handgeführten schlagenden Druck-
luftwerkzeuge und experimentelle Untersuchungen
insbesondere an Abbauhämmern im normalen
und abnormalen Betrieb
1962. 86 Seiten, 53 Abb., 4 Tabellen. DM 39,—

HEFT 1098
Dr. Gerhard Albrecht und Prof. Dr. Günter Ecker,
Institut für theoretische Physik der Universität Bonn
Die positive Säule unter dem Einfluß negativer
Ionen
1962. 21 Seiten, 5 Abb. DM 11,80

HEFT 1104
Dr. rer. nat. Rudolf Kohlhaas und
Dipl.-Phys. Martin Braun, Institut für theoretische
Physik der Universität Köln
Die grundlegenden kalorimetrischen Auswerteme-
thoden. Herleitung der thermodynamischen Funk-
tionen des reinen Eisens auf Grund von Messungen
an einem Eisen-Mangan-System nach dem Verfahren der verzögerten Mischkalorimetrie
1962. 109 Seiten, 29 Abb., 3 Zahlentafeln. DM 59,—

HEFT 1105
Prof. Dr. phil. Heinrich Lange und
Dr. rer. nat. Franz Josef In der Smitten, Institut für
theoretische Physik der Universität Köln
Untersuchungen über das magnetische Verhalten
dünner Schichten von $\gamma—Fe_2O_3$ bei kurzzeitiger
Feldeinwirkung
1962. 68 Seiten, 29 Abb. DM 30,20

HEFT 1107
Dipl.-Phys. Paul Thoms, Institut für theoretische Physik der Universität Bonn
Leuchtende Schichten im Faradayschen Dunkelraum der Glimmentladung in Brom-Argon-Gemischen
1962. 34 Seiten, 12 Abb., 8 Tabellen. DM 14,80

HEFT 1124
Prof. Dr. Günter Ecker und cand. phys. Walter Kröll, Dipl.-Phys. Oswald Zöller, Institut für theoretische Physik der Universität Bonn
Fehlerabschätzung für Messungen mit magnetischen Sonden
1962. 24 Seiten, 8 Abb., 31 Tabellen. DM 12,—

HEFT 1144
Prof. Dr. phil. Heinz Bittel und
Dr. rer. nat. Karl August Hempel, Institut für angewandte Physik der Universität Münster
Untersuchungen zur ferrimagnetischen Resonanz an Ferriten bei 10 und 24 GHz
1963. 27 Seiten, 8 Abb., 3 Tabellen. DM 12,20

HEFT 1163
Prof. Dr. phil. Heinz Bittel, Institut für angewandte Physik der Universität Münster
Untersuchungen über das Rauschen strombelasteter Leiter
1963. 23 Seiten, 1 Abb., 3 Tabellen. DM 11,—

HEFT 1168
Dr. rer. nat. Dipl.-Chem. Max Friedrich, Forschungsstelle für Brandschutztechnik an der Technischen Hochschule Karlsruhe
Untersuchungen über das Verhalten und die Wirkungsweise verschiedener Trockenlöschmittel
1963. 53 Seiten, 22 Abb., 2 Tabellen. DM 24,80

HEFT 1175
Dipl.-Math. Klaus-Dieter Becker und
Dr. rer. nat. Erhard Meister, Universität Saarbrücken
Beitrag zur Theorie des Strahlungsfeldes dielektrischer Antennen
1963. 43 Seiten, 4 Abb. DM 29,80

HEFT 1176
Dipl.-Phys. Alexander Wasiljeff, Universität Saarbrücken
Breitbandimpedanzstudien an Ringschlitzantennen im cm-Wellenbereich
1963. 69 Seiten, 57 Abb. DM 45,80

HEFT 1183
Prof. Dr.-Ing. Eduard Pestel, Institut für Mechanik der Technischen Hochschule Hannover
Strömungstechnische Untersuchungen von Staubniederschlagmeßgeräten
1963. 56 Seiten, 52 Abb., 6 Tabellen. DM 29,—

HEFT 1220
Dipl.-Phys. Walter Hermsen und
Dr. phil. Friedrich Kuhn, Staatliches Materialprüfungsamt Nordrhein-Westfalen in Dortmund
Leiter : Prof. Dr.-Ing. habil. Wilhelm Bischof
Untersuchungen über die Verhinderung von Randüberstrahlungen in Röntgenbildern durch Vorfilterung der Röntgenstrahlen
1963. 25 Seiten, 14 Abb., 2 Tabellen. DM 13,80

HEFT 1221
Prof. Dr. Günter Ecker und cand. phys. Walter Kröll, Institut für theoretische Physik der Universität Bonn
Erniedrigung der Ionisierungsenergie in einem Plasma   *1963. 29 Seiten, 2 Abb. DM 10,—*

HEFT 1270
Dr. Gisela Eckert-Reese, Forschungsinstitut der Gesellschaft zur Förderung der Glimmentladungsforschung e. V., Köln
Direktor : Prof. Dr. G. Schmid
Der Druckverbreiterungseffekt und die IR-spektrographische Analyse von Gasen
1965. 27 Seiten, 21 Abb., 3 Tabellen. DM 22,80

HEFT 1271
Dipl.-Ing. Alfred F. Steinegger, Forschungsinstitut der Gesellschaft zur Förderung der Glimmentladungsforschung e. V., Köln
Die systematische Erfassung von Versuchsergebnissen und Literaturstellen bei der Behandlung von Metalloberflächen
1964. 44 Seiten, 2 Abb. DM 20,—

HEFT 1290
Dr. rer. nat. Wolf-Dietrich Meisel, Rheinisch-Westfälisches Institut für Instrumentelle Mathematik, Bonn
Zur Simulation einer digitalen Integrieranlage mittels eines elektronischen Rechenautomaten
1963. 29 Seiten. DM 9,90

HEFT 1293
Prof. Dr. phil. Heinrich Lange und
Dr. rer. nat. Peter Janesch, Institut für theoretische Physik der Universität Köln
Die Magnetostriktion in Abhängigkeit von der Magnetisierung
1964. 68 Seiten, 51 Abb., 2 Tabellen. DM 36,50

HEFT 1308
Dipl.-Math. Heinz Ober-Kassebaum, Rheinisch-Westfälisches Institut für Instrumentelle Mathematik, Bonn
Über die P-Seperation der Schrödlinger-Gleichung und der Laplace-Gleichung in Riemannschen Räumen   *1964. 68 Seiten. DM 42,50*

HEFT 1390
Prof. Dr. Rudolf Jaeckel und Dipl.-Phys. Ernst Teloy, Physikalisches Institut der Universität Bonn
Gasaufzehrung durch Anregung metastabiler Zustände   *1964. 39 Seiten, 13 Abb. DM 20,—*

HEFT 1400
Dirk Offermann und Ulf von Zahn, Physikalisches Institut der Universität Bonn
Studie über ein Massenfilter zur Anwendung in Raketen und Satelliten
1964. 45 Seiten, 28 Abb., 2 Tabellen. DM 28,—

HEFT 1407
Marcel Beiner, Aus dem Institut für Theoretische Kern-
physik der Universität Bonn
Separationsenergien und mittleres phänomeno-
logisches Potential der Atomkerne
1964. 67 Seiten, 24 Abb. DM 54,—

HEFT 1408
Prof. Dr. Hans Israël, Dozentur für Geophysik und
Meteorologie an der Rhein.-Westf. Technischen Hoch-
schule, Aachen,
Probleme der Gewitterforschung: I. Das Gewitter
in heutiger Sicht
1964. 60 Seiten, 22 Abb. DM 29,50

HEFT 1422
Dr. rer. nat. Dieter Schütte, Institut für theoretische
Kernphysik der Universität Bonn
Eine Erweiterung des Schalenmodells zur Be-
schreibung Alkali-ähnlicher Strukturen
1964. 69 Seiten, 5 Abb. DM 46,—

HEFT 1452
Prof. Dr.-Ing. Rudolf Jaeckel † und Günter Müschen-
born, Institut für angewandte Physik der Universität
Bonn
Untersuchungen der thermischen Entgasung von
Metallen im Ultrahochvakuum mit Hilfe eines
Omegatron-Partialdruckvakuummeters
1965. 50 Seiten, 28 Abb., 8 Tabellen. DM 34,—

HEFT 1500
Dipl.-Phys. Johannes Kanne, Insitut für Theoretische
Physik der Universität Bonn
Stromdurchgang durch ein Verbrennungsplasma
1965. 31 Seiten, 9 Abb., DM 16,—

HEFT 1501
Jorge Garcia Ruffinatti, Institut für Theoretische
Physik der Universität Bonn
Die Plasmaströmung entlang einer halbunendlich
ausgedehnten ebenen Wand im transversalen Ma-
gnetfeld
1965. 78 Seiten, 12 Abb. DM 53,70

HEFT 1518
Obering. Dipl.-Phys. Karl-Heinz Lindackers und
Dipl.-Phys. Manfred Tscherner, Technischer Über-
wachungs-Verein Rheinland e. V., Köln
Untersuchung verschiedener Methoden zur Bestimmung der Radioaktivität der Luft
1965. 60 Seiten, 12 Abb., 8 Tabellen. DM 29,80

HEFT 1542
Prof. Dr. phil. Heinrich Lange, Dr. rer. nat. Siegfried
Müller, Institut für theoretische Physik der Universität
Köln, Abteilung für Metallphysik, Köln
Ferromagnetismus und Atomabstand in Nickel
und Eisen
1965. 69 Seiten, 32 Abb., 3 Tabellen. DM 35,—

HEFT 1547
Dr. Toni Hochmuth, Institut für theoretische Physik
der Universität Bonn
Direktor: Prof. Dr. W. Weizel
Der Batterieeffekt in Hochfrequenzentladungen
1965. 51 Seiten, 19 Abb., 3 Tabellen. DM 26,—

HEFT 1548
Dipl.-Ing. Alfred F. Steinegger, Dipl.-Ing. Siegfried
Jentzsch, Forschungsinstitut der Gesellschaft zur Förde-
rung der Glimmentladungsforschung e. V. Köln
Direktor: Prof. Dr. Gerhard Schmid
Der Einfluß der Wasserstoffvorbehandlung auf
das Ionitrieren von Stahl
1965. 35 Seiten, 26 Abb., 7 Tabellen. DM 24,80

HEFT 1554
Dr. Hans-Werner Eckert und Dr. Giesela Eckert-
Reese, Forschungsinstitut der Gesellschaft zur Förderung
der Glimmentladungsforschung e. V. Köln
Direktor: Prof. Dr. Gerhard Schmid
Über das Verhalten von Kohlenwasserstoffen in
elektrischen Entladungen
In Vorbereitung

HEFT 1555
Dr. rer. nat. Joachim Kölbel, Forschungsinstitut der
Gesellschaft zur Förderung der Glimmentladungs-
forschung e.V. Köln
Direktor: Prof. Dr. Gerhard Schmid
Die Nitridschichtbildung bei der Glimmnitrierung
1965. 19 Seiten, 3 Abb., 2 Tabellen. DM 10,50

HEFT 1566
Dr. phil. Karl Schmitz-Moormann, Münster
Das Weltbild Teilhard de Chardin's I.
Untersuchungen zur Terminologie Teilhard de
Chardin's
In Vorbereitung

HEFT 1570
Prof. Dr. Hans Israel und Dr. G. Ries,
Dozentur für Geophysik und Meteorologie an der Rhein.-
Westf. Techn. Hochschule Aachen
Probleme der Gewitterforschung
II. Anwendungen in Wissenschaft und Praxis
In Vorbereitung

HEFT 1605
Prof. Dr. Karl Jasmund und Dr. Heinz Lange
Mineralogisch-Petrographisches Institut der Universität
Köln
Adsorption und Selektivität an Na-, K- und Ca-
Kaoliniten und K-, Ca-Montmorilloniten mit radio-
aktiv merkiertem Rubidium, Eäsium und Kobalt
In Vorbereitung

HEFT 1618
Dr. Hans Joachim Kölbel
Forschungsinstitut der Gesellschaft zur Förderung der
Glimmentladungsforschung e. V., Köln
Direktor: Prof. Dr. Martin Schmeißer
Strom-Spannungs-Kennlinien von Niederdruck-
Glimmentladungen hoher Stromdichte für Brenn-
spannungen bis 5 kV

HEFT 1640
Gisela Kauw,
Institut für Strahlen- und Kernphysik
der Universität Bonn
Direktor : Prof. Dr. W. Riezler †
Untersuchungen an angereicherten Isotopen auf
natürliche Alphastrahlung *In Vorbereitung*

HEFT 1641
Konrad Kopitzki,
Institut für Strahlen- und Kernphysik der Universität Bonn
Direktor : Prof. Dr. W. Riezler †
Ausgezeichnete Stoßfolgen in Metallen
Ihre experimentelle Untersuchung mit Hilfe der
Kathodenzerstäubung *In Vorbereitung*

HEFT 1643
Dipl.-Phys. Dietrich Bachner,
Dipl.-Phys. Winfried Koelzer und
Dipl.-Phys. Dr. Dietrich Müller,
Institut für Angewandte Physik der Universität Bonn
Untersuchungen über die Kondensation ver-
schiedener Gase *In Vorbereitung*

HEFT 1650
Prof. Dr. Heinrich Kaiser, Dr. Fritz Aulinger,
Dr. Wilm Reerink und Dipl.-Ing. Wolfgang Riepe,
Institut für Spektrochemie und angewandte Spektroskopie,
Dortmund
Festkörperanalysen mit dem Massenspektrometer
In Vorbereitung
HEFT 1663
Prof. Dr. phil. Heinz Bittel und
Dr. rer. nat. Christoph Heiden,
Institut für Angewandte Physik der Universität Münster
Kopplungserscheinungen zwischen ferromagne-
tischen Elementarprozessen *In Vorbereitung*

HEFT 1672
Prof. Dr. Erich Huster, Dr. H. G. Franke,
Dipl.-Phys. O. Krafft und Dipl.-Phys. K. H. Rohe,
Institut für Kernphysik der Universität Münster
Untersuchungen zum Entladungsmechanismus von
selbstlöschenden Geiger-Müller-Zählrohren
In Vorbereitung

HEFT 1695
Dr. rer. nat. Dietrich Meinhardt, Max-Planck-
Institut für Eisenforschung, Düsseldorf
Strukturbestimmung durch Kernstreuung und
magnetische Streuung thermischer Neutronen
In Vorbereitung

HEFT 1709
Prof. Dr. Reimar Pohlman und Dipl.-Ing. Dieter
Davidts, Laboratorium für Ultraschall der Rhein.-
Westf. Technischen Hochschule Aachen
Verfahren der Äquidensitometrie im Hinblick auf
die quantitative Auswertung schalloptischer Ab-
bildungen *In Vorbereitung*

HEFT 1710
Dipl.-Math. Dipl.-Phys. Norbert Latz, Institut für
angewandte Physik und Elektrotechnik der Universität
des Saarlandes
Direktor : Prof. Dr. G. Eckart
Untersuchungen über ebene Beugungsprobleme
elektromagnetischer Wellen für rechtwinklig-
keilförmige Gebiete. Ein Beitrag zur Theorie des
Strahlungsfeldes dielektrischer Antennen
Joachim Ehrhardt, Institut für Angewandte Physik und
Elektrotechnik der Universität des Saarlandes, Saar-
brücken
Direktor : Prof. Dr. G. Eckart
In Verbindung mit der Deutschen Gesellschaft für
Ortung und Navigation e.V., Düsseldorf
Untersuchungen an dielektrischen Stielstrahlern
über den Einfluß der Strahlungskoppelung auf
deren Fußpunktsimpedanz
In Vorbereitung

HEFT 1717
Prof. Dr.-Ing. habil. Dr. h. c. Max. Fink und Dr.-Ing.
Josef Kläusler, Forschungsinstitut der Gesellschaft zur
Förderung der Glimmentladungsforschung e.V., Köln
Direktor : Prof. Dr. M. Schmeisser
Die Schaffung hochabnutzungsfester Reibflächen
durch Ionitrierung von Kugelgraphitguß
In Vorbereitung

Verzeichnisse der Forschungsberichte aus folgenden Gebieten können beim Verlag angefordert werden:
Acetylen/Schweißtechnik – Arbeitswissenschaft – Bau/Steine/Erden – Bergbau – Biologie – Chemie – Eisenver-
arbeitende Industrie – Elektrotechnik/Optik – Energiewirtschaft – Fahrzeugbau/Gasmotoren – Druck/Farbe/
Papier/Photographie – Fertigung – Funktechnik/Astronomie – Gaswirtschaft – Holzbearbeitung – Hütten-
wesen/Werkstoffkunde – Kunststoffe – Luftfahrt/Flugwissenschaften – Luftreinhaltung – Maschinenbau –
Mathematik – Medizin/Pharmakologie/NE-Metalle – Physik – Rationalisierung – Schall/Ultraschall – Schiff-
fahrt – Textilforschung – Turbinen – Verkehr – Wirtschaftswissenschaften.

WESTDEUTSCHER VERLAG · KÖLN UND OPLADEN
567 Opladen/Rhld., Ophovener Straße 1–3

GPSR Compliance
The European Union's (EU) General Product Safety Regulation (GPSR) is a set
of rules that requires consumer products to be safe and our obligations to
ensure this.

If you have any concerns about our products, you can contact us on

ProductSafety@springernature.com

In case Publisher is established outside the EU, the EU authorized
representative is:

Springer Nature Customer Service Center GmbH
Europaplatz 3
69115 Heidelberg, Germany